もくじ

回数メーター

5 10 15 20 25 30 35 40 45 50

MEMO

10までのかず

月　日（　時　分～　時　分）

なまえ

点
100点

1 右の えを 見て，つぎの もんだいに こたえましょう。 ▶２もん×10点【20点】

(1) 犬は なんひき いますか。

こたえ　　　ひき

(2) りんごは なんこ ありますか。

こたえ　　　こ

2 右の えを 見て，つぎの もんだいに こたえましょう。 ▶３もん×10点【30点】

(1) ★が ぜんぶで ５こ あります。▭に かくれて いる ★は なんこですか。

こたえ　　　こ

(2) ▲が ぜんぶで ６こ あります。▭に かくれて いる ▲は なんこですか。

こたえ　　　こ

(3) ♡が ぜんぶで ９こ あります。▭に かくれて いる ♡は なんこですか。

こたえ　　　こ

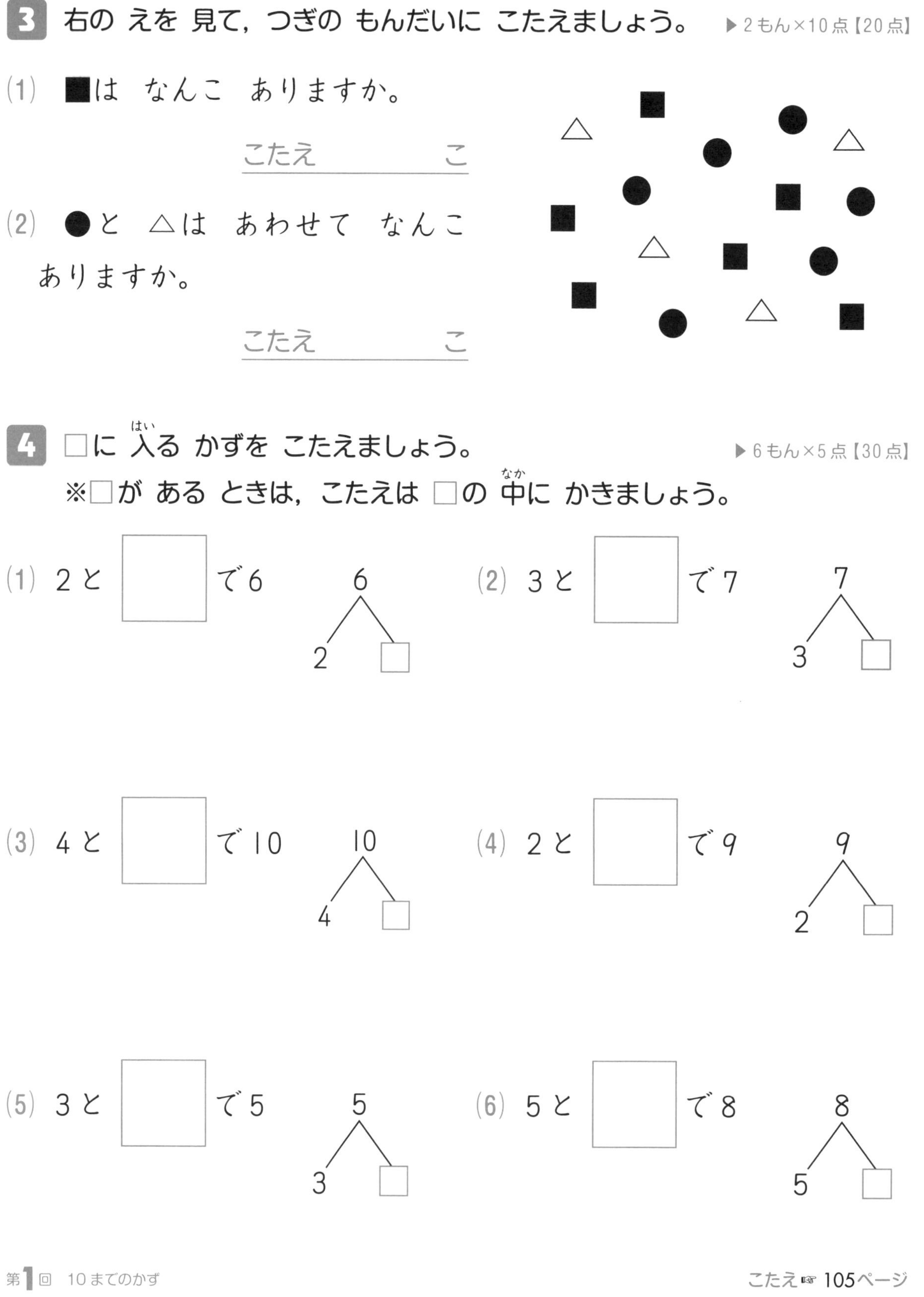

3 右の えを 見て，つぎの もんだいに こたえましょう。　▶2もん×10点【20点】

(1) ■は なんこ ありますか。

こたえ　　　　こ

(2) ●と △は あわせて なんこ ありますか。

こたえ　　　　こ

4 □に 入(はい)る かずを こたえましょう。　▶6もん×5点【30点】

※□が ある ときは，こたえは □の 中(なか)に かきましょう。

(1) 2と □ で6

6 → 2 と □

(2) 3と □ で7

7 → 3 と □

(3) 4と □ で10

10 → 4 と □

(4) 2と □ で9

9 → 2 と □

(5) 3と □ で5

5 → 3 と □

(6) 5と □ で8

8 → 5 と □

こたえ☞105ページ

まとめ

1から 10までの かずを べんきょう したよ。
かずを かぞえる ときは せんを ひくと ぜんぶ かぞえられるね。

小学1年の図形と文章題

大きさくらべ

月　日（　時　分～　時　分）

なまえ

点 / 100点

1 つぎの ①と ②の うち，かずが すくない ほうの きごうを ○で かこみましょう。

▶4もん×5点【20点】

(1) ① ★★★★★★　② ★★★★

(2) ① ♡♡♡　② ♡♡♡♡♡

(3) ① 車（くるま）が 5だい　② 車が 7だい

(4) ① けしごむが 8こ　② けしごむが 2こ

2 □の 中（なか）に 入（はい）る かずを かきましょう。

▶3もん×10点【30点】

(1) 1—2—□—4—5—6—□—8—9—10—

(2) —2—□—6—8—□—12—

(3) —13—□—7—□—1

3 つぎのように 6つの すうじが ならんで います。 ▶2もん×15点【30点】

5　9　7　2　4　1

(1) かずを 小(ちい)さい じゅんに ならべかえましょう。

こたえ　→　→　→　→　→

(2) ならんで いる すうじの うち，いちばん 小さい かずと いちばん 大(おお)きい かずを こたえましょう。

いちばん 小さい かず…　　いちばん 大きい かず…

4 下(した)の えを 見(み)て，つぎの もんだいに こたえましょう。 ▶2もん×10点【20点】

(1) いちばん かずが おおい マーク(まあく)は どれですか。こたえの マークに ○を つけて こたえましょう。

こたえ（ ● ■ △ ♡ ）

(2) ♡は △より なんこ おおいですか。

こたえ　こ おおい

かずの 大きさくらべを したよ。まずは えを 見て 大ささを くらべようね。
はじめの うちは じぶんで ○を かいて かんがえて みようね。

たしざん (1)

月　日（時　分～　時　分）

なまえ

点 / 100点

1 □に 入る かずを こたえましょう。

▶6もん×5点【30点】

(1) $1+3=$ □　　(2) $6+2=$ □

(3) $3+4=$ □　　(4) $4+4=$ □

(5) $5+1=$ □　　(6) $2+7=$ □

2 つぎの もんだいに こたえましょう。

▶2もん×10点【20点】

(1) みかんが 7こと りんごが 1こ あります。ぜんぶで なんこの くだものが ありますか。

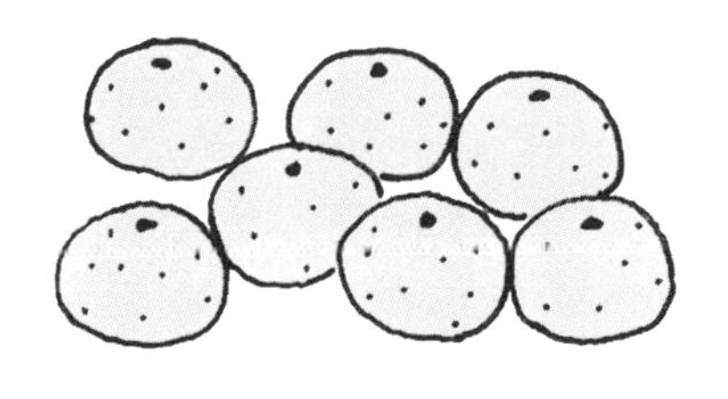

しき　　　　こたえ　　こ

(2) こうえんに 女の子が 3人 います。男の子は 3人 います。あわせて なん人ですか。

しき　　　　こたえ　　人

3 つぎの もんだいに こたえましょう。

▶2もん×10点【20点】

(1) しんじくんは バラ(ばら)を 2本(ほん) もって います。バラを 3本 もらうと，あわせて なん本に なりますか。

しき　　　　　　　　　　　　　こたえ　　　本

(2) こうえんに 子どもが 5人 います。4人 ふえると，なん人に なりますか。

しき　　　　　　　　　　　　　こたえ　　　人

4 あいさんは，おつかいを たのまれて，じゃがいも 2こと たまねぎ 1こを かいに いく ことに なりました。

▶2もん×15点【30点】

(1) あいさんは あわせて なんこの やさいを たのまれましたか。

しき　　　　　　　　　　　　　こたえ　　　こ

(2) ピーマン(ぴいまん)が やすかったので，じゃがいもと たまねぎの ほかに ピーマン 4こも かいました。あいさんは ぜんぶで なんこ やさいを かいましたか。

しき　　　　　　　　　　　　　こたえ　　　こ

こたえ☞105ページ

まとめ

たしざんの べんきょうを したよ。
あわせて いくつに なるかは たしざんを すると わかるね！

たしざん (2)

月　日（　時　分～　時　分）

なまえ

点 / 100点

1 □に 入る かずを こたえましょう。

▶6もん×5点【30点】

(1) $1+3=$ □　　(2) $5+4=$ □

(3) $7+1=$ □　　(4) $3+4=$ □

(5) $5+3=$ □　　(6) $7+2=$ □

2 つぎの もんだいに こたえましょう。

▶2もん×10点【20点】

(1) かごに りんごが 4こ 入って います。2こ 入れると，ぜんぶで なんこに なりますか。

しき

こたえ　　こ

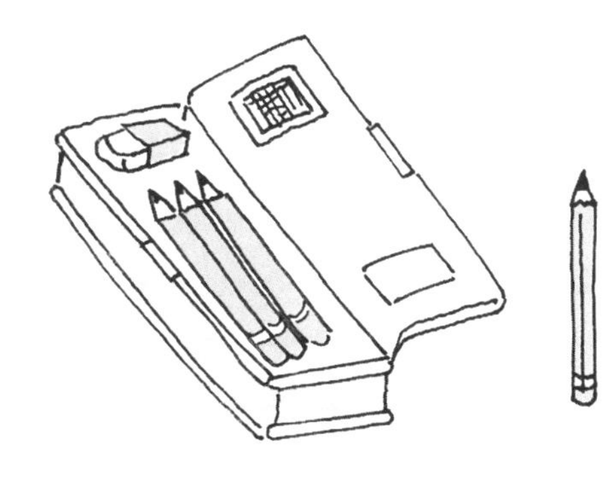

(2) ふでばこの 中に えんぴつが 3本 入って います。2本 入れると，ぜんぶで なん本に なりますか。

しき

こたえ　　本

3 つぎの もんだいに こたえましょう。

▶2もん×10点【20点】

(1) こうえんで 子どもが 4人(にん) あそんで います。あとから 4人 やって きました。ぜんぶで なん人に なりましたか。

しき　　　　　　こたえ　　　　人

(2) すいそうに さかなが 6ぴき います。3びき ふえると，なんひきに なりますか。

しき　　　　　　こたえ　　　　ひき

4 はこの 中に ボール(ぼおる)が 2こ 入って います。まず，あきらくんが ボールを 1こ 入(い)れました。つぎに，ひかるくんが ボールを 4こ 入れました。

▶2もん×15点【30点】

(1) あきらくんが ボールを 入れたあと，はこの 中の ボールは なんこに なりましたか。

しき　　　　　　こたえ　　　　こ

(2) ひかるくんが ボールを 入れたあと，はこの 中の ボールは なんこに なりましたか。

しき　　　　　　こたえ　　　　こ

こたえ☞105ページ

まとめ

ふえると いくつに なるかな？
これを かんがえる ときも たしざんを すれば いいんだね！

かくにんテスト（第1～4回）

月　日（　時　分～　時　分）

なまえ

点 / 100点

1 右の えを 見て，つぎの もんだいに こたえましょう。 ▶3もん×10点【30点】

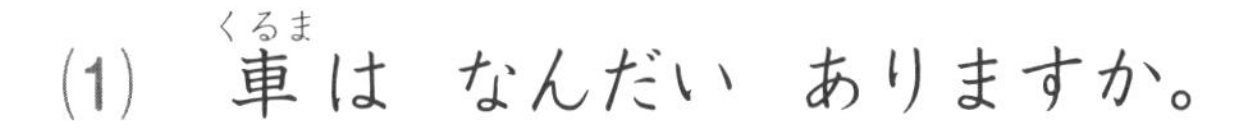

(1) 車は なんだい ありますか。

こたえ　　　だい

(2) とりは なんわ いますか。

こたえ　　　わ

(3) 本は なんさつ ありますか。

こたえ　　　さつ

2 つぎの もんだいに こたえましょう。 ▶2もん×10点【20点】

(1) つぎの かずを 大きい じゅんに ならべましょう。

6, 5, 8, 3, 10, 2, 7

こたえ　　→　　→　　→　　→　　→　　→

(2) 上の (1)で ならべた すうじの うち，いちばん 小さい かずと いちばん 大きい かずを かきましょう。

いちばん 小さい かず…　　　　いちばん 大きい かず…

3 つぎの もんだいに こたえましょう。

▶3もん×10点【30点】

(1) 1年生(ねんせい)が 3人(にん)，2年生が 4人 います。あわせて なん人ですか。

しき　　　　こたえ　　　　人

(2) 青(あお)い ペ(ぺ)ン(ん)が 7本，赤(あか)い ペンが 2本 あります。あわせて なん本 ありますか。

しき　　　　こたえ　　　　本

(3) としきくんは たまごを 2こ もって います。たまごを 3こ もらうと，なんこに なりますか。

しき　　　　こたえ　　　　こ

4 つぎの もんだいに こたえましょう。

▶2もん×10点【20点】

(1) ぼくじょうに うしが 4とう います。2とう ふえると，なんとうに なりますか。

しき　　　　こたえ　　　　とう

(2) かごに みかんが 5こ 入(はい)って います。3こ 入(い)れると，ぜんぶで なんこに なりますか。

しき　　　　こたえ　　　　こ

1から 10までの すうじと たしざんの ふくしゅうだね。
どんな ときに たしざんを するのか，もういちど かくにん しよう。

ひきざん (1)

がつ にち じ ふん じ ふん
月　日（　時　分～　時　分）

なまえ

点 / 100点

1 □に 入(はい)る かずを こたえましょう。

▶6もん×5点【30点】

(1) 3－1＝□　　(2) 5－2＝□

(3) 4－3＝□　　(4) 6－1＝□

(5) 8－5＝□　　(6) 7－7＝□

2 つぎの もんだいに こたえましょう。

▶2もん×10点【20点】

(1) りゅうとくんは おはじきを 4こ もって います。2この おはじきを おとうとに あげると，りゅうとくんが もって いる おはじきは なんこに なりますか。

しき　　　　こたえ　　　こ

(2) ケーキ(けえき)を 5こに きりわけました。4こ たべると，のこりは なんこに なりますか。

しき　　　　こたえ　　　こ

3 つぎの もんだいに こたえましょう。 ▶2もん×10点【20点】

(1) くじが 9本(ほん) あります。2本 ひくと，のこりは なん本に なりますか。

しき＿＿＿＿＿＿＿＿　こたえ＿＿＿＿本

(2) きょうしつに 8人(にん) います。4人 かえると，のこりは なん人に なりますか。

しき＿＿＿＿＿＿＿＿　こたえ＿＿＿＿人

4 アイスクリーム(あいすくりいむ)が 8こ ありました。きのう，おとうさんが 2こ たべて しまいました。 ▶2もん×15点【30点】

(1) アイスクリームの のこりは なんこですか。

しき＿＿＿＿＿＿＿＿　こたえ＿＿＿＿こ

(2) おとうさんが たべたあと，おかあさんが 1こ たべて，ゆきさんが 3こ たべました。アイスクリームは なんこ のこって いますか。

しき＿＿＿＿＿＿＿＿　こたえ＿＿＿＿こ

こたえ☞106ページ

ひきざんを べんきょうを したよ。
のこりが いくつに なるかは，ひきざんを すると わかるね！

ひきざん（2）

1 つぎの もんだいに こたえましょう。

▶２もん×10点【20点】

(1) ねこが ７ひきと，犬が ２ひき います。ねこは 犬よりも なん ひき おおいですか。

しき　　　　こたえ　　ひき おおい

(2) メロンパンが ４こと あんぱんが ６こ あります。あんぱんは メロンパンよりも なんこ おおいですか。

しき　　　　こたえ　　こ おおい

2 右の えを 見て，つぎの もんだいに こたえましょう。

▶２もん×15点【30点】

(1) あめと ガムが あります。ガムは あめよりも なんこ おおいですか。

しき　　　　こたえ　　こ おおい

(2) アサガオと タンポポが さいて います。アサガオの 花は タンポポよりも いくつ おおいですか。

しき　　　　こたえ　　つ おおい

3 右の えの 中で，●と △の ちがいは なんこですか。

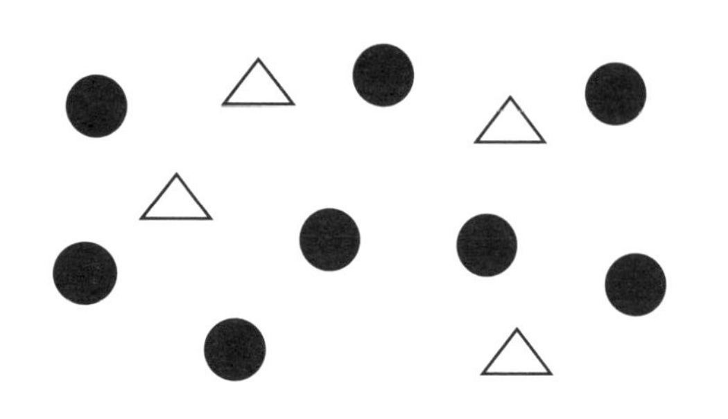

▶１もん×20点【20点】

しき

こたえ　　　　こ

4 右の えのように，青，白，くろの さかなが およいで います。

▶３もん×10点【30点】

(1) 青の　さかなと　くろの　さかなの　ちがいは　なんひきですか。

しき

こたえ　　　　ひき

(2) 青の　さかなと，白の　さかなの　ちがいは　なんひきですか。

しき

こたえ　　　　ひき

(3) 白の　さかなと　くろの　さかなの　ごうけいは，青の　さかな　よりも　なんひき　おおいですか。

こたえ　　　　ひき

こたえ☞106ページ

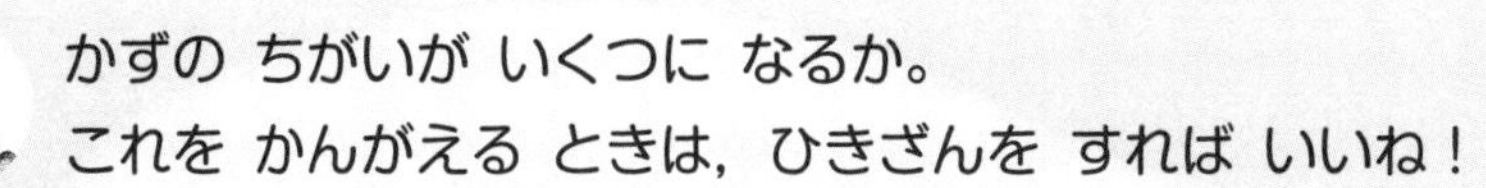

ひきざん (3)

月　日（　時　分～　時　分）

なまえ

点 / 100点

1 □に 入(はい)る かずを こたえましょう。

▶4もん×5点【20点】

(1) 6 − 2＝□

(2) 7 − 5＝□

(3) 4 − 1＝□

(4) 9 − 3＝□

2 つぎの もんだいに こたえましょう。

▶2もん×15点【30点】

(1) 車(くるま)が 3だい，バイク(ばいく)が 5だい あります。どちらが なんだい おおい ですか。

しき

こたえ　　が　　だい おおい

(2) いちごが 2こ、みかんが 7こ あります。どちらが なんこ おおいですか。

しき

こたえ　　が　　こ おおい

3 つぎの もんだいに こたえましょう。　▶2もん×10点【20点】

(1) トラ(とら)が 8とう，ライオン(らいおん)が 9とう います。どちらが なんとう おおいですか。

しき　　　　こたえ　　　が　　　とう おおい

(2) りんごが 8こ，なしが 6こ あります。どちらが なんこ おおいですか。

しき　　　　こたえ　　　が　　　こ おおい

4 くろい ボールペン(ぼおるぺん)が 2本(ほん)，青(あお)い ボールペンが 7本，白(しろ)い えんぴつが 4本，水(みず)いろの えんぴつが 1本 あります。

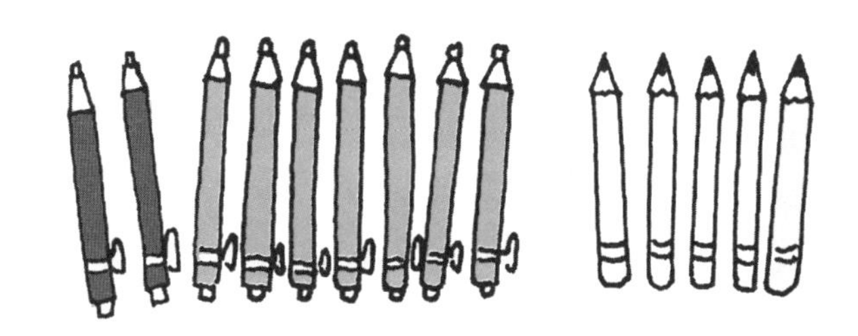

▶2もん×15点【30点】

(1) くろい ボールペンと 青い ボールペンでは，どちらが なん本 おおいですか。

しき　　　　こたえ　　　が　　　本 おおい

(2) ボールペンと えんぴつでは どちらが なん本 おおいですか。

しき　　　　こたえ　　　が　　　本 おおい

こたえ☞107ページ

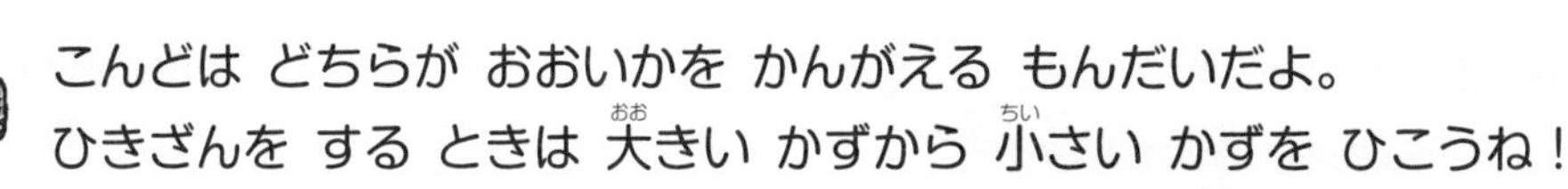

20までのかず

月　日（　時　分～　時　分）

なまえ

点 / 100点

1 □に 入る かずを こたえましょう。　▶6もん×5点【30点】

(1) 11　□　13　14　15

(2) 14　15　□　17　18

(3) 10と 8で □ です。

(4) □ と 5で 15です。

(5) 16と 20では □ の ほうが 大きいです。

(6) 18と 17では □ の ほうが 小さいです。

2 □に 入る かずを こたえましょう。　▶3もん×5点【15点】

(1) 18より 3 小さい かずは □ です。

(2) 11より 8 大きい かずは □ です。

(3) 13より 7 大きい かずは □ です。

3 つぎの かずを 小さい じゅんに ならべましょう。 ▶2もん×10点【20点】

(1) 17　11　6　19　15

こたえ　　→　　→　　→　　→

(2) 15　13　18　7　4

こたえ　　→　　→　　→　　→

4 つとむくんと けいこさんと めいさんは，それぞれ すうじが かかれた カード(かあど)を もって います。
つとむくんの カードには，9が かかれて います。けいこさんの カードには，つとむくんの カードより 8 大きい かずが かかれて います。

▶(1)は15点＋(2)は20点【35点】

(1) けいこさんの カードに かかれた すうじは いくつですか。

しき　　　　　　　　こたえ

(2) めいさんと つとむくんの カードの すうじの ちがいと，めいさんと けいこさんの カードの すうじの ちがいは おなじです。めいさんの カードの すうじは いくつですか。

こたえ

こたえ☞107ページ

まとめ　20までの かずの もんだいだよ。かずの せんを つかって かんがえよう。

第10回

小学１年の図形と文章題

かくにんテスト（第６～９回）

月　日（　時　分～　時　分）

なまえ

点 / 100点

1 つぎの もんだいに こたえましょう。 ▶4もん×5点【20点】

(1) 18と 13では [　　] の ほうが 大きいです。

(2) 10と 11では [　　] の ほうが 小さいです。

(3) 14より 5小さい かずは [　　] です。

(4) 11より 6大きい かずは [　　] です。

2 つぎの もんだいに こたえましょう。 ▶2もん×15点【30点】

(1) ピザを 8まいに きりました。3まい たべると，のこりは なんまいに なりますか。

しき　　　　こたえ　　　まい

(2) 7人がけの いすが 1きゃく あります。4人が いすに すわると，のこり なん人 すわれますか。

しき　　　　こたえ　　　人

3 つぎの もんだいに こたえましょう。

▶2もん×10点【20点】

(1) トラック（とらっく）が 9だいと，バス（ばす）が 7だい あります。トラックは バスより なんだい おおいですか。

しき

こたえ　　だい おおい

(2) こうえんに おとなが 4人，子どもが 8人 います。子どもは おとなより なん人 おおいですか。

しき

こたえ　　人 おおい

4 つぎの もんだいに こたえましょう。

▶2もん×15点【30点】

(1) チーズ（ちいず）が 1こ，プリン（ぷりん）が 5こ あります。どちらが なんこ おおいですか。

しき

こたえ　　が　　こ おおい

(2) たかが 6わ，わしが 4わ います。どちらが なんわ おおいですか。

しき

こたえ　　が　　わ おおい

こたえ☞107ページ

ひきざんと 20までの かずの かくにんだね。
のこりや ちがいを もとめる ときは ひきざんの しきを たてて いこうね。

たしざんとひきざん (1)

月 日(時 分～ 時 分)

なまえ

点 / 100点

1 □に 入る かずを こたえましょう。

▶6もん×5点【30点】

(1) 10＋4＝□　(2) 10＋8＝□

(3) 13－3＝□　(4) 16－6＝□

(5) 10＋5＝□　(6) 17－7＝□

2 つぎの もんだいに こたえましょう。

▶2もん×10点【20点】

(1) えんぴつが 10本 あります。あたらしい えんぴつを 7本 かって きました。ぜんぶで なん本に なりましたか。

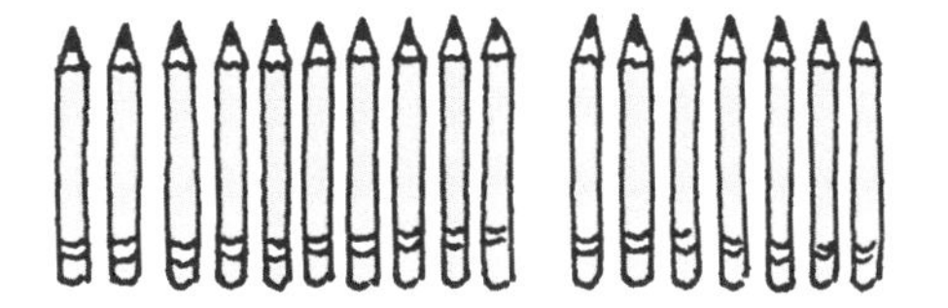

しき

こたえ　本

(2) こうえんに 子どもが 10人，おとなが 3人 います。ぜんぶで なん人 いますか。

しき

こたえ　人

3 つぎの もんだいに こたえましょう。

▶2もん×10点【20点】

(1) おりがみが 15まい あります。5まい つかうと のこりは なんまいに なりますか。

しき　　　　こたえ　　　　まい

(2) きょうしつに 19人 います。9人 かえると，きょうしつに のこって いるのは なん人に なりますか。

しき　　　　こたえ　　　　人

4 あめが 10こ ありました。おかあさんが あたらしい あめを 4こ かって きました。そのあと，まこさんは あめを 4こ たべました。

▶2もん×15点【30点】

(1) まこさんが たべるまえ，あめは なんこ ありましたか。

しき　　　　こたえ　　　　こ

(2) まこさんが たべたあと，あめは なんこに なりましたか。

しき　　　　こたえ　　　　こ

こたえ☞108ページ

まとめ

10より大(おお)きい かずの たしざんと ひきざんの べんきょうを したよ。
かずが ふえるのが たしざん，かずを へらすのが ひきざんだよ！

小学１年の図形と文章題

たしざんとひきざん (2)

月　日（　時　分～　時　分）

なまえ

点 / 100点

1 □に 入る かずを こたえましょう。

▶ 6もん×5点【30点】

(1) $11+4=$ □

(2) $15+3=$ □

(3) $17+2=$ □

(4) $15+1=$ □

(5) $12+5=$ □

(6) $10+9=$ □

2 つぎの もんだいに こたえましょう。

▶ 2もん×10点【20点】

(1) えんぴつが 13本 あります。4本 ふえると，ぜんぶで なん本に なりますか。

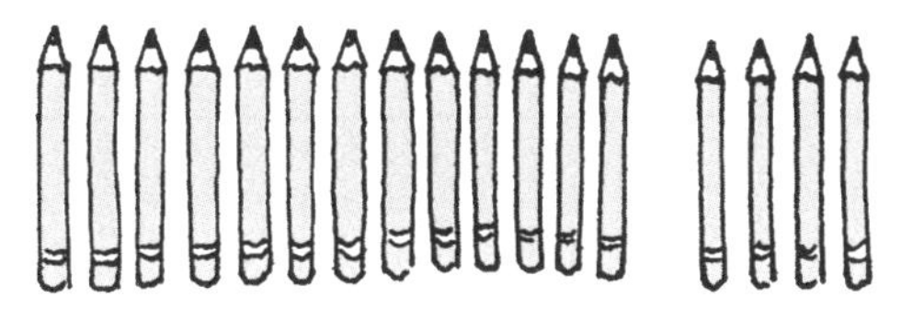

しき

こたえ　　本

(2) カードが 10まい あります。8まい ふえると なんまいに なりますか。

しき

こたえ　　まい

3 つぎの もんだいに こたえましょう。　▶ 2もん×10点【20点】

(1) レストランに おとなが 11人と，子どもが 5人 います。あわせて なん人 いますか。

しき ＿＿＿＿＿＿＿＿＿＿　こたえ ＿＿＿＿ 人

(2) れいさんは チョコレートを 2こ，そうたくんは チョコレートを 13こ もって います。れいさんと そうたくんは あわせて なんこの チョコレートを もって いますか。

しき ＿＿＿＿＿＿＿＿＿＿　こたえ ＿＿＿＿ こ

4 ゆうなさんは カードを 12まい もって います。おねえさんから カードを 2まい もらいました。　▶ 2もん×15点【30点】

(1) ゆうなさんが もって いる カードは なんまいに なりましたか。

しき ＿＿＿＿＿＿＿＿＿＿　こたえ ＿＿＿＿ まい

(2) (1)の あと，ゆうなさんは おとうとから 3まい，おにいさんから 1まい もらいました。ゆうなさんが もって いる カードは なんまいに なりましたか。

こたえ ＿＿＿＿ まい

こたえ☞108ページ

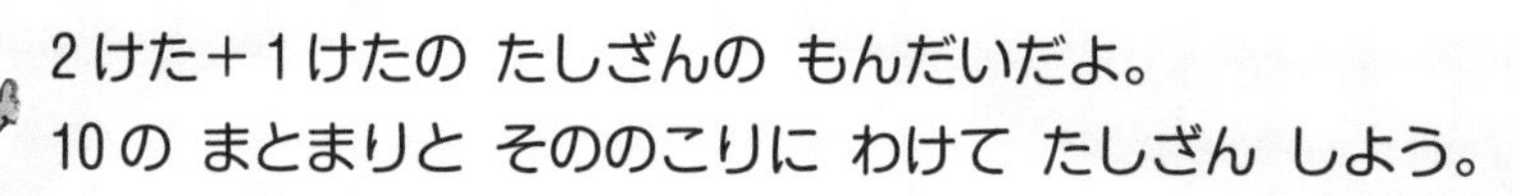
2けた＋1けたの たしざんの もんだいだよ。
10の まとまりと そののこりに わけて たしざん しよう。

第13回

小学1年の図形と文章題

たしざんとひきざん (3)

月　日(　時　分～　時　分)

なまえ

点 / 100点

1 □に 入(はい)る かずを こたえましょう。 ▶6もん×5点【30点】

(1) 13－3＝□　　(2) 17－4＝□

(3) 18－6＝□　　(4) 16－1＝□

(5) 15－2＝□　　(6) 19－5＝□

2 つぎの もんだいに こたえましょう。 ▶2もん×10点【20点】

(1) あめが 17こ あります。5こ たべると のこりは なんこに なりますか。

しき ＿＿＿＿＿＿　こたえ ＿＿＿ こ

(2) 18人(にん)まで すわることが できる いすが あります。この いすに 5人が すわると，あと なん人 すわれますか。

しき ＿＿＿＿＿＿　こたえ ＿＿＿ 人

3 つぎの もんだいに こたえましょう。　▶2もん×10点【20点】

(1) りんごが 19こ，みかんが 9こ あります。どちらの くだものが なんこ おおいですか。

しき ＿＿＿＿＿＿＿＿　こたえ ＿＿＿＿が＿＿＿＿こ おおい

(2) おとなが 3人，子どもが 15人 います。おとなと 子どもでは どちらが なん人 おおいですか。

しき ＿＿＿＿＿＿＿＿　こたえ ＿＿＿＿が＿＿＿＿人 おおい

4 ほなみさんは あめと ゼリー（ぜりい）と ガム（がむ）を もって います。ガムの かずは，18こ です。ゼリーの かずは，あめより 3こ おおく，ガムより 4こ すくない です。

▶2もん×15点【30点】

(1) ほなみさんは ゼリーを なんこ もって いますか。

しき ＿＿＿＿＿＿＿＿　こたえ ＿＿＿＿こ

(2) ほなみさんは あめを なんこ もって いますか。

しき ＿＿＿＿＿＿＿＿　こたえ ＿＿＿＿こ

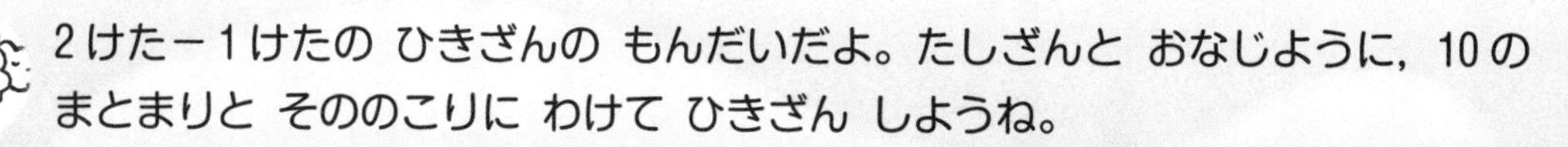
2けた－1けたの ひきざんの もんだいだよ。たしざんと おなじように，10の まとまりと そののこりに わけて ひきざん しようね。

20より大きいかず

月　日（　時　分～　時　分）

なまえ

点 / 100点

1 つぎの かずを すうじで かきましょう。 ▶4もん×5点【20点】

(1) さんじゅうに＝□　(2) にじゅうさん＝□

(3) にじゅうはち＝□　(4) さんじゅうろく＝□

2 つぎの かずを かぞえましょう。 ▶2もん×10点【20点】

(1) 10本の ぼうの たばが 2つと，4本の ぼうが あります。ぼうは ぜんぶで なん本 ありますか。

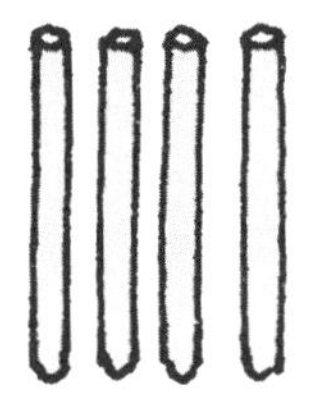

こたえ　　本

(2) ならんで いる お金は ぜんぶで なん円ですか。

こたえ　　円

3 □に 入(はい)る かずを こたえましょう。 ▶3もん×10点【30点】

(1) 10が 3こと 1が 3こで □ です。

(2) 20が 2こと 1が 5こで □ です。

(3) 27の 十(じゅう)のくらいは □ で，一(いち)のくらいは □ です。

4 いちごが パックで うられて います。もみじさんは，10こ入(い)りの パックを 2パックと，6こ入りの パックを 1パック かいました。 ▶2もん×15点【30点】

(1) もみじさんは あわせて なんこの いちごを かいましたか。

しき ＿＿＿＿＿＿＿＿ こたえ ＿＿＿＿ こ

(2) もみじさんは さらに 4こ入りの パックを 1つ かいました。もみじさんは あわせて なんこの いちごを かいましたか。

しき ＿＿＿＿＿＿＿＿ こたえ ＿＿＿＿ こ

第14回 20より大きいかず

こたえ☞108ページ

まとめ

20より 大(おお)きい かずを べんきょう したよ。
10の まとまりを つくりながら もんだいを とこうね。

かくにんテスト（第11～14回）

月　日（　時　分～　時　分）

なまえ

点／100点

1 □に 入る かずを こたえましょう。　▶2もん×10点【20点】

(1) 10が 2こと 1が 4こで □ です。

(2) 31の 十のくらいは □ で，一のくらいは □ です。

2 つぎの もんだいに こたえましょう。　▶2もん×15点【30点】

(1) 本だなに ずかんが 10さつと えほんが 6さつ あります。ぜんぶで なんさつ ありますか。

しき

こたえ　　さつ

(2) こうえんに ことりが 13わ います。3わ とんで いきました。ことりは いま なんわ いますか。

しき

こたえ　　わ

3 つぎの もんだいに こたえましょう。 ▶2もん×10点【20点】

(1) はこの 中(なか)に りんごが 12こ，みかんが 7こ あります。ぜんぶで なんこ ありますか。

しき　　　　こたえ　　　こ

(2) かだんに 青(あお)い 花(はな)が 15本，白(しろ)い 花が 2本 さいて います。ぜんぶで なん本 さいて いますか。

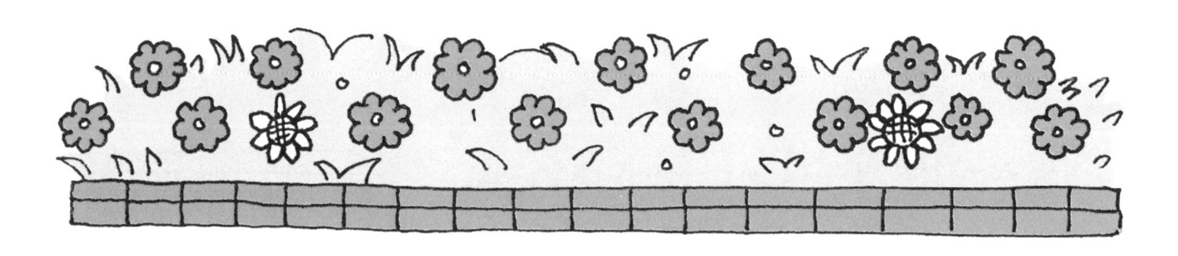

しき　　　　こたえ　　　本

4 つぎの もんだいに こたえましょう。 ▶2もん×15点【30点】

(1) へやの 中に 子どもが 17人(にん) います。4人 へやから 出(で)て いきました。へやの 中には のこり なん人 いますか。

しき　　　　こたえ　　　人

(2) のりが 19こ，はさみが 8こ あります。どちらが なんこ おおいですか。

しき　　　　こたえ　　　が　　　こ おおい

こたえ☞109ページ

10より 大(おお)きい かずの たしざんと ひきざん，20より 大きい かずを かくにんしたよ。10の まとまりで かんがえよう。

３つのかずの けいさん (1)

月　日（　時　分～　時　分）

なまえ

点 / 100点

1 つぎの □ に 入る かずを こたえましょう。

▶８もん×５点【40点】

(1) ２＋４＋１＝□

(2) ５＋３＋２＝□

(3) ８＋２＋７＝□

(4) ３＋７＋３＝□

(5) ８－４－３＝□

(6) ９－３－２＝□

(7) 17－７－４＝□

(8) 12－２－３＝□

2 つぎの もんだいに こたえましょう。

▶２もん×10点【20点】

(1) みかんが ６こ，りんごが ４こ，なしが ８こ あります。くだものは ぜんぶで なんこ ありますか。

しき

こたえ　　こ

(2) 赤い おりがみが ３まい，青い おりがみが ４まい，きいろい おりがみが ２まい あります。おりがみは ぜんぶで なんまい ありますか。

しき

こたえ　　まい

3 つぎの もんだいに こたえましょう。 ▶2もん×10点【20点】

(1) あめが 15こ あります。はじめに 5こ たべて，そのあと 4こ たべました。あめは なんこに なりましたか。

しき　　　　　　　　　　こたえ　　　　こ

(2) ペン（ぺん）が 10本（ほん） あります。はるこさんに 3本 あげて，あきこさんに 4本 あげました。ペンは なん本に なりましたか。

しき　　　　　　　　　　こたえ　　　　本

4 たろうくんは，赤い ボール（ぼおる）を 4こ，青い ボールを 6こ，きいろい ボールを 7こ もって います。 ▶2もん×10点【20点】

(1) たろうくんが もって いる ボールは ぜんぶで なんこですか。

しき　　　　　　　　　　こたえ　　　　こ

(2) じろうくんに 赤い ボールを 1こ，青い ボールを 3こ，きいろい ボールを 3こ あげました。じろうくんに，ぜんぶで ボールを なんこ あげましたか。

しき　　　　　　　　　　こたえ　　　　こ

こたえ☞109ページ

3つの かずの たしざんや ひきざんを ならったよ。
左（ひだり）から じゅんばんに 1つずつ けいさんすれば いいんだね。

小学１年の図形と文章題

３つのかずの けいさん (2)

月　日（時　分～　時　分）

なまえ

点 / 100点

1 つぎの □ に 入る かずを こたえましょう。

▶４もん×５点【20点】

(1) ５＋３－２＝□

(2) ２＋７－４＝□

(3) ３－２＋７＝□

(4) ８－６＋４＝□

2 つぎの もんだいに こたえましょう。

▶２もん×15点【30点】

(1) こたつの 上に みかんが ４こ あります。さらに ２こ かって きて，そのあと １こ たべました。みかんは ぜんぶで なんこに なりましたか。

しき

こたえ　　こ

(2) へいじくんは カードを ６まい もって います。おかあさんから カードを ３まい もらった あと，おとうとに ２まい あげました。へいじくんが もって いる カードは なんまいに なりましたか。

しき

こたえ　　まい

3 つぎの もんだいに こたえましょう。

▶2もん×10点【20点】

(1) おさらが 6まい あります。4まい わって しまったので，5まい かって きました。おさらは なんまいに なりましたか。

しき　　　　　　　　　　　　　　こたえ　　　　まい

(2) シール（しいる）が 8まい あります。6まい つかったあと，7まい もらいました。シールは なんまいに なりましたか。

しき　　　　　　　　　　　　　　こたえ　　　　まい

4 はこに 赤い（あか） ボール（ぼおる）と 青い（あお） ボールが 入って います。赤い ボールを 1こ とり出（だ）したあと，青い ボールを 2こ 入（い）れると，はこの 中（なか）の ボールは ぜんぶで 17こに なりました。

▶2もん×15点【30点】

(1) はじめ，はこの 中の ボールは なんこでしたか。

しき　　　　　　　　　　　　　　こたえ　　　　こ

(2) この あと，はこから 青い ボールを 3こ とり出すと，はこの 青い ボールは 10こに なりました。はじめに はこに 入って いた 青い ボールと 赤い ボールは それぞれ なんこでしたか。

こたえ　青いボール…　　　　こ，赤いボール…　　　　こ

こたえ☞109ページ

3つの かずの たしざんや ひきざんの もんだいだったね。
こんどは たしざんと ひきざんが まざって いるよ。

たしざん (3)

月　日（　時　分～　時　分）

なまえ

点 / 100点

1 つぎの □ に 入る かずを こたえましょう。 ▶6もん×5点【30点】

(1) 9＋6＝□　　(2) 8＋5＝□

(3) 7＋7＝□　　(4) 5＋7＝□

(5) 4＋9＝□　　(6) 3＋8＝□

2 つぎの もんだいに こたえましょう。 ▶3もん×10点【30点】

(1) くろい ボールが 7こ，きいろい ボールが 4こ あります。ボールは ぜんぶで なんこ ありますか。

しき　　　　こたえ　　　こ

(2) わたるくんは けしごむを 9こ，みわこさんは けしごむを 5こ もって います。けしごむは あわせて なんこ ありますか。

しき　　　　こたえ　　　こ

(3) 赤いろの おりがみが 8まい，青いろの おりがみが 7まい あります。おりがみは ぜんぶで なんまい ありますか。

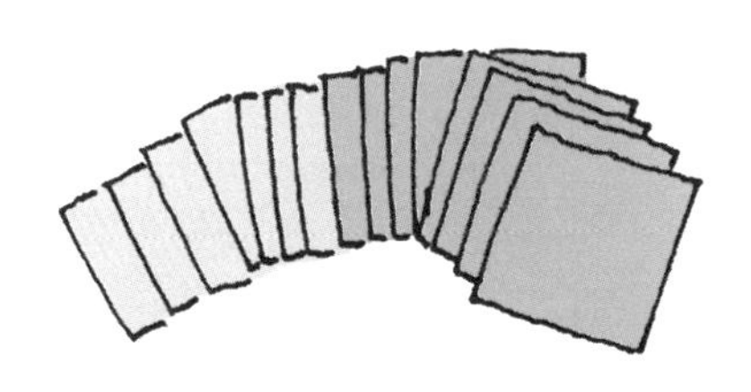

しき　　　　こたえ　　　まい

3 つぎの もんだいに こたえましょう。

▶2もん×10点【20点】

(1) バス(ばす)に おとなが 6人(にん)，子どもが 9人 のって います。バスに のって いる 人は ぜんぶで なん人ですか。

しき　　　　　　　　　　　　こたえ　　　　人

(2) あめが 8こ あります。おかあさんが 8こ かって きました。あめは なんこに なりましたか。

しき　　　　　　　　　　　　こたえ　　　　こ

4 1，2，3，4，5，6，7，8，9 の 9まいの カード(かあど)が 入った はこの 中(なか)から，カードを 2まい とり出(だ)します。

▶2もん×10点【20点】

(1) とり出した 2まいの カードに かかれた かずの ごうけいは，いちばん 大(おお)きくて いくつに なりますか。

しき　　　　　　　　　　　　こたえ

(2) 2まいの カードに かかれた かずの ごうけいが 12に なる ばあいは 3とおり あります。すべて こたえましょう。

こたえ（　　と　　），（　　と　　），（　　と　　）

こたえ☞109ページ

こたえが 10を こえる たしざんの べんきょうだよ。
あと いくつで 10に なるかを かんがえよう。

小学１年の図形と文章題

ひきざん (4)

月　日（　時　分～　時　分）

なまえ

点 / 100点

1 つぎの □ に 入る かずを こたえましょう。 ▶6もん×5点【30点】

(1) 15 − 7＝□　(2) 16 − 9＝□

(3) 17 − 8＝□　(4) 12 − 6＝□

(5) 14 − 5＝□　(6) 11 − 3＝□

2 つぎの もんだいに こたえましょう。 ▶2もん×10点【20点】

(1) 17こ あった クッキーを おとうとが 9こ たべて しまいました。クッキーは のこり なんこですか。

しき

こたえ　　こ

(2) カードが 11まい あります。6まい すてると，のこりは なんまいに なりますか。

しき

こたえ　　まい

3 つぎの もんだいに こたえましょう。

▶2もん×10点【20点】

(1) まいさんは ペン(ぺん)を 13本(ほん) もって います。ゆみさんは 6本 もって います。どちらが なん本 おおく ペンを もって いますか。

しき　　　　　　　　こたえ　　　　が　　　本 おおい

(2) ひろしくんと おにいさんは カードを もって います。ひろしくんは カードを 12まい もって いて，おにいさんの カードの まいすうは ひろしくんより 3まい すくないです。おにいさんは カードを なんまい もって いますか。

しき　　　　　　　　こたえ　　　　まい

4 みかんが 15こ，りんごが 18こ あります。そうたくんは みかんを 8こ，りんごを 9こ たべました。

▶2もん×15点【30点】

(1) みかんは なんこ のこって いますか。

しき　　　　　　　　こたえ　　　　こ

(2) みかんと りんごは あわせて なんこ のこって いますか。

しき　　　　　　　　こたえ　　　　こ

こたえ☞110ページ

1□−△（十(じゅう) いくつ ひく いくつ）の けいさんだね。
1□を 10と □に わけて かんがえよう。

小学1年の図形と文章題

かくにんテスト（第16〜19回）

月　日（　時　分〜　時　分）

なまえ

点 / 100点

1 つぎの もんだいに こたえましょう。

▶2もん×10点【20点】

(1) ケーキが 4こ，プリンが 2こ，ゼリーが 1こ あります。ケーキと プリンと ゼリーは あわせて なんこ ありますか。

しき　　　　こたえ　　　こ

(2) みきさんは えんぴつを 9本 もって います。あいさんに 2本 あげて，ゆりさんに 3本 あげました。みきさんの えんぴつは なん本に なりましたか。

しき　　　　こたえ　　　本

2 つぎの もんだいに こたえましょう。

▶2もん×10点【20点】

(1) みかんが 6こ あります。2こ かって きて，4こ たべました。みかんは なんこに なりましたか。

しき　　　　こたえ　　　こ

(2) コップが 8こ あります。2こ わって しまったので，3こ かって きました。いま，コップは なんこ ありますか。

しき　　　　こたえ　　　こ

3 つぎの もんだいに こたえましょう。

▶3もん×10点【30点】

(1) 白(しろ)い はたが 9本と 赤(あか)い はたが 3本 あります。はたは ぜんぶで なん本 ありますか。

しき　　　　　　　　　　　こたえ　　　本

(2) たろうくんは けしごむを 8こ，えりかさんは けしごむを 5こ もって います。けしごむは あわせて なんこ ありますか。

しき　　　　　　　　　　　こたえ　　　こ

(3) くろの 糸(いと) 6本と，赤の 糸を 9本 つかいます。糸は ぜんぶで なん本 つかいましたか。

しき　　　　　　　　　　　こたえ　　　本

4 つぎの もんだいに こたえましょう。

▶2もん×15点【30点】

(1) まいさんは ペ(ぺ)ン(ん)を 11本，ゆうさんは ペンを 9本 もって います。どちらが なん本 おおく ペンをもって いますか。

しき　　　　　　　　　　　こたえ　　　が　　　本 おおい

(2) ひろとくんは カード(かあど)を 16まい もって います。おにいさんが もって いる カードは ひろとくんより 8まい すくないです。おにいさんは カードを なんまい もって いますか。

しき　　　　　　　　　　　こたえ　　　まい

こたえ☞110ページ

まとめ

3つの かずと，10を こえる かずの たしざん・ひきざんの かくにんだよ。
ぶんしょうを よんで どんな しきを たてれば いいか かんがえようね。

大きなかず

月　日（　時　分～　時　分）

なまえ

点 / 100点

1 つぎの □ に 入る かずを こたえましょう。 ▶3もん×5点【15点】

(1) 20　30　40　□　60　70

(2) 43　45　47　□　51　53

(3) 78　76　74　72　□　68

2 つぎの もんだいに こたえましょう。 ▶2もん×10点【20点】

(1) 65より 2 大きい かずは なんですか。

しき　　こたえ

(2) 81より 3 小さい かずは なんですか。

しき　　こたえ

3 つぎの もんだいに こたえましょう。 ▶2もん×10点【20点】

(1) 1から 100までの かずの 中で, 一のくらいの すうじが 8の かずは ぜんぶで なんこ ありますか。

こたえ　　こ

(2) 50 から 100までの かずの 中で 6が ある かずは なんこ ありますか。

こたえ　　こ

4 こうきくんの いえの ちかくに ある おみせ では，下(した)の えのように，㋐～㋕が うられて います。こうきくんは 40円(えん)を もって この おみせに いきました。

▶(1)は15点＋(2)は30点【45点】

㋐	㋑	㋒	㋓	㋔	㋕
りんご	もも	いちご	ぶどう	なし	みかん
48円	60円	12円	50円	32円	？円

(1) ㋐～㋔の うち，こうきくんが かうことが できるのは どれですか。すべて こたえましょう。

こたえ ＿＿＿＿＿＿＿＿

(2) ㋕の ねだんに ついては，つぎの ①～③の ことが わかって います。

① こうきくんは ㋕を かうことが でき，㋕の ねだんは ㋒より たかい。
② ㋕の ねだんの 一のくらいの すうじは「3」。
③ ㋕の ねだんの 十(じゅう)のくらいの すうじは ㋐～㋔の ねだんの 十のくらいの すうじとは ちがう。

㋕の ねだんは いくらですか。

こたえ ＿＿＿＿＿＿ 円

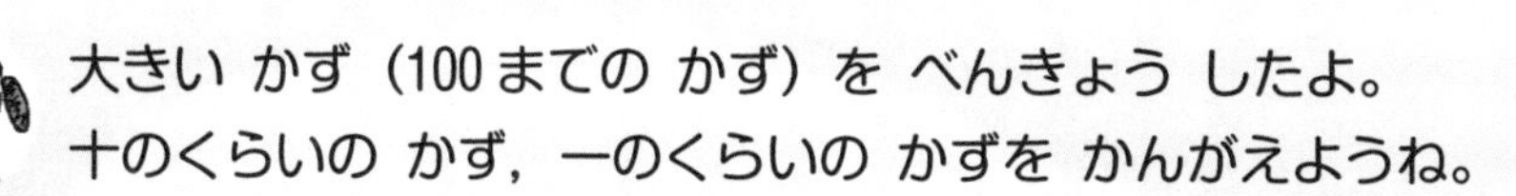

第22回

小学1年の図形と文章題

大きなかずの けいさん (1)

月　日（　時　分～　時　分）

なまえ

点 / 100点

1 つぎの □ に 入(はい)る かずを こたえましょう。

▶4もん×5点【20点】

(1) 50 + 4 = □

(2) 67 − 7 = □

(3) 80 + 9 = □

(4) 37 − 7 = □

2 つぎの もんだいに こたえましょう。

▶2もん×15点【30点】

(1) ぼくじょうに うしが 20とう います。あたらしく 6とう やって きました。いま，うしは ぼくじょうに なんとう いますか。

しき

こたえ　　とう

(2) めだかが すいそうに 40ぴき います。川(かわ)から 3びき つかまえて きて，すいそうに 入(い)れました。いま，すいそうに めだかは なんひき いますか。

しき

こたえ　　ひき

3 つぎの もんだいに こたえましょう。　▶2もん×10点【20点】

(1) おみせに りんごが 84こ あります。きょう，4こ うれました。おみせに りんごは なんこ のこって いますか。

しき　　　　　　こたえ　　　こ

(2) えんぴつが 68本 あります。この うち，8本が おれて いました。おれて いない えんぴつは なん本 ありますか。

しき　　　　　　こたえ　　　本

4 きのう おばあちゃんの いえ から みかんが 75こ おくられて きました。きょう，みえさんは 5こ たべました。

▶2もん×15点【30点】

(1) みかんは のこり なんこですか。

しき　　　　　　こたえ　　　こ

(2) つぎの日，さらに みかんが 8こ おくられて きました。いま，みかんは なんこ ありますか。

しき　　　　　　こたえ　　　こ

まとめ
大きい かずの たしざん ひきざんの もんだいだよ。
十のくらいと 一のくらいに わけて かんがえよう。

大きなかずのけいさん（2）

月　日（　時　分～　時　分）

なまえ

点 / 100点

1 つぎの □ に 入る ものを こたえましょう。 ▶4もん×5点【20点】

(1) 40＋50＝□

(2) 50＋10＝□

(3) 80－40＝□

(4) 60－50＝□

2 つぎの もんだいに こたえましょう。 ▶3もん×10点【30点】

(1) りんさんは 30こ，しろうくんは 40この あめを もって います。あわせて なんこの あめを もって いますか。

しき　　　　こたえ　　こ

(2) こうえんに おとなが 20人と 子どもが 30人 います。こうえんには ぜんぶで なん人 いますか。

しき　　　　こたえ　　人

(3) 青い かみが 80まい 白いかみが 10まい あります。あわせて なんまいの かみが ありますか。

しき

こたえ　　まい

3 つぎの もんだいに こたえましょう。 ▶3もん×10点【30点】

(1) しんじくんは あめを 90こ もって います。たかしくんに あめを 40こ あげると，のこりは なんこに なりますか。

しき　　　　　　　　　　こたえ　　　こ

(2) チョコレート（ちょこれえと）が 70こ あります。50こ たべると，のこりは なんこに なりますか。

しき　　　　　　　　　　こたえ　　　こ

(3) いちかさんは 10さいです。いちかさんの おにいさんは 20さいです。二人（ふたり）の ねんれいの ちがいは なんさいですか。

しき　　　　　　　　　　こたえ　　　さい

4 きょう，ゆうえんちに きた 人（ひと）は 50人 でした。きのう ゆうえんちに きた 人は きょうより 10人 すくないです。 ▶2もん×10点【20点】

(1) きのう ゆうえんちに きた 人は なん人ですか。

しき　　　　　　　　　　こたえ　　　人

(2) おととい ゆうえんちに きた 人の かずは，きのうと きょう ゆうえんちに きた 人の かずの ごうけいより 30人 すくなかったです。おととい ゆうえんちに きた 人は なん人ですか。

しき　　　　　　　　　　こたえ　　　人

こたえ☞111ページ

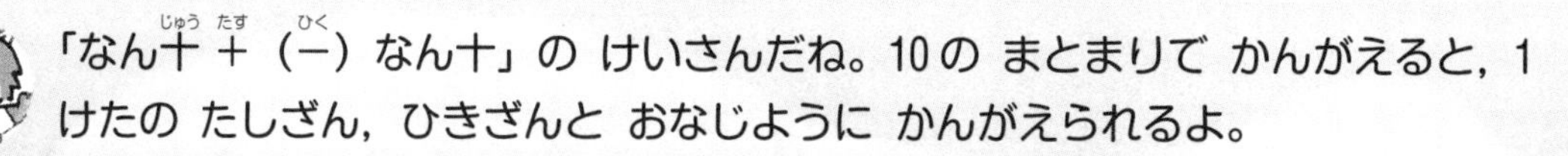

「なん十（じゅう）＋（たす）（－）（ひく）なん十」の けいさんだね。10の まとまりで かんがえると，1けたの たしざん，ひきざんと おなじように かんがえられるよ。

小学1年の図形と文章題

せいりして かんがえよう

月　日（　時　分～　時　分）

なまえ

点 / 100点

1 下の えの 中に，●，▲，■，★，♥の 5しゅるいの マークが，それぞれ いくつずつ あるかを しらべました。

▶5もん×8点【40点】

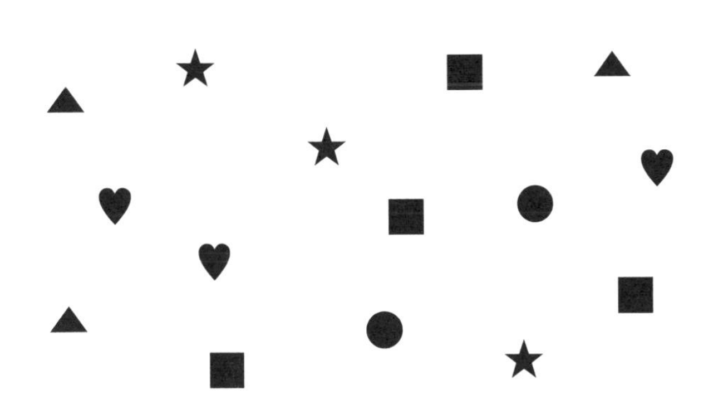

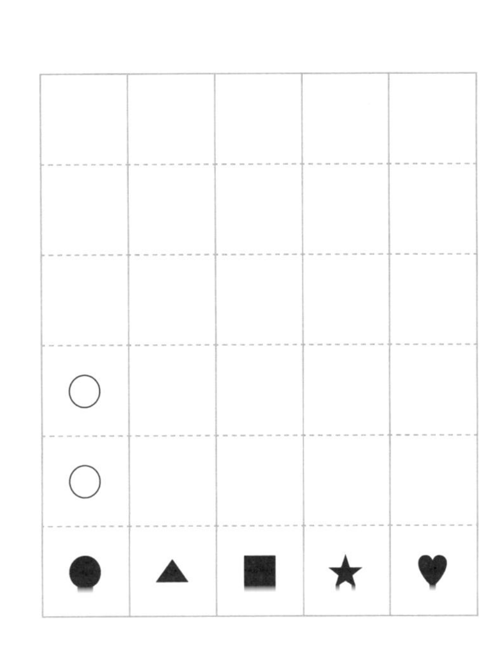

(1) ●を さんこうに して，右の ひょうに それぞれの マークの かずだけ ○を かきましょう。

(2) かずが いちばん おおい マークは どれですか。　こたえ

(3) かずが いちばん すくない マークは どれですか。　こたえ

(4) かずが おなじである マークを すべて かきましょう。

こたえ

(5) 上の えの 中に，マークは ぜんぶで なんこ ありますか。

こたえ　　　　こ

2 ●，▲，■，★，♥の 5しゅるいの マークが それぞれ いくつずつ あるか しらべました。

▶4もん×15点【60点】

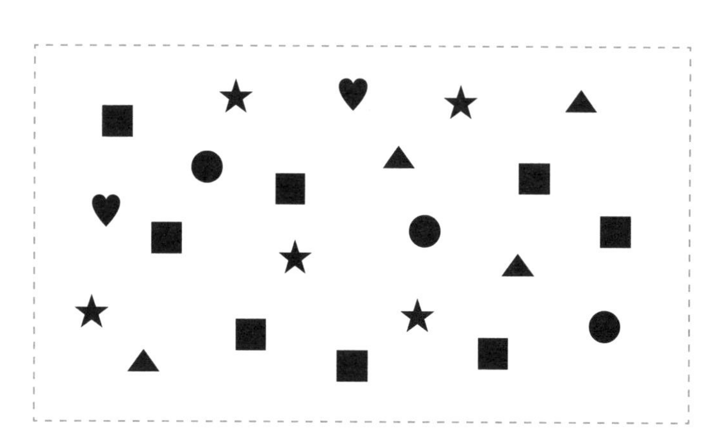

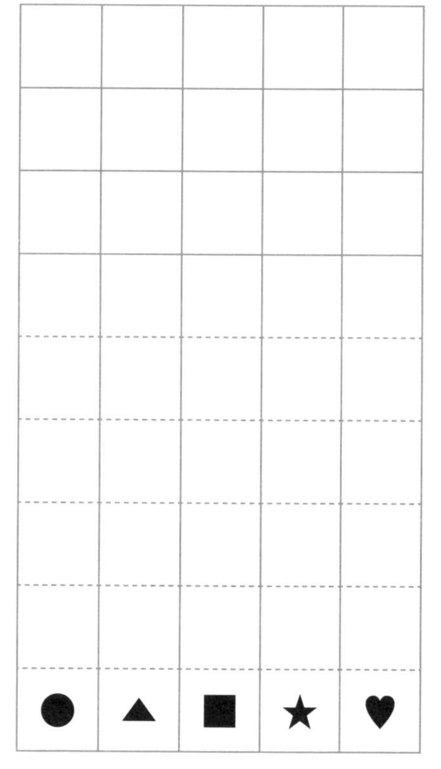

(1) それぞれの マークの かずだけ 右の ひょうに ○を つけましょう。

(2) ●，▲，■，★，♥を，かずの おおい ほうから じゅんに かきましょう。

こたえ　　→　　→　　→　　→

(3) かずが いちばん すくない マークは どれですか。

こたえ

(4) いちばん すくない マークを なんこ ふやすと，いちばん おおい マークと おなじ かずに なりますか。

こたえ　　こ

こたえ☞111ページ

ひょうに まとめる れんしゅうを したよ。
ひょうに まとめると かずの 大(おお)きさが わかりやすく なるね。

かくにんテスト
（第21～24回）

月　日（　時　分～　時　分）

なまえ

点／100点

1 つぎの　もんだいに　こたえましょう。　▶２もん×10点【20点】

(1) １から　50までの　かずの　うち，一のくらいの　すうじが　６のかずを　小さいほうから　じゅんばんに　ぜんぶ　かきましょう。

こたえ　　→　　→　　→　　→

(2) 60から　100までの　かずの　うち，７が　ある　かずは　ぜんぶで　なんこ　ありますか。

こたえ　　こ

2 つぎの　もんだいに　こたえましょう。　▶２もん×10点【20点】

(1) ゆきさんは　けしごむを　20こ　もって　います。おかあさんから　４こ　もらいました。ゆきさんは　けしごむを　なんこ　もって　いますか。

しき

こたえ　　こ

(2) グラスを　17こ　はこんで　いましたが，おとして　７こ　わって　しまいました。われて　いない　グラスは　なんこ　ありますか。

しき

こたえ　　こ

3 つぎの もんだいに こたえましょう。

▶2もん×10点【20点】

(1) りょうこさんは 40円の クッキーを 1まいと 50円の チョコレートを 1こ かいました。ぜんぶで なん円ですか。

しき　　　　　　　　　　　こたえ　　　　円

(2) れなさんは あめを 50こ もって います。えいすけくんに 20こ あげました。れなさんは なんこの あめを もって いますか。

しき　　　　　　　　　　　こたえ　　　　こ

4 ●，▲，■，★，♥の 5しゅるいの マークが それぞれ いくつずつ あるかを しらべました。

▶4もん×10点【40点】

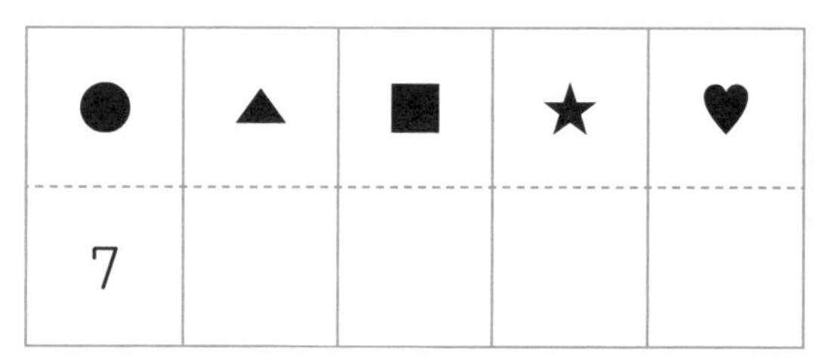

●	▲	■	★	♥
7				

(1) ▲，■，★，♥の かずを 右上の ひょうに かきましょう。

(2) かずが おおい じゅんに マークを ならべましょう。

こたえ　　→　　→　　→　　→

(3) いちばん すくない マークは どれですか。　こたえ

(4) いちばん すくない マークを なんこ ふやすと，いちばん おおい マークの かずと おなじに なりますか。　こたえ　　　こ

第25回 かくにんテスト（第21～24回）

こたえ☞111ページ

大きい かずの たしざん・ひきざんと，ひょうに せいりする もんだいの かくにんだよ。大きい かずの けいさんは 10の まとまりで かんがえよう。

なんばんめ (1)

1 つぎの もんだいに こたえましょう。　▶ 4もん×10点【40点】

(1) 左(ひだり)から 5ひきめの ねこを ぬりつぶしましょう。

(2) 左から 2だいの 車(くるま)を ぬりつぶしましょう。

(3) 右(みぎ)から 4まいめの ふくを ぬりつぶしましょう。

(4) 右から 3この りんごを ぬりつぶしましょう。

2 右の えのように，たなに どうぶつの ぬいぐるみが ならんで います。 ▶2もん×15点【30点】

(1) たぬきは 上(うえ)から なんばんめですか。

こたえ　　　　ばんめ

(2) いぬの 3つ 上は なんの どうぶつですか。

こたえ

3 あかりさんは，かみに よこ いちれつに きごうを 8こ かきましたが，よごれて 2つが 見(み)えなくなって しまいました。あかりさんに どんな きごうを かいたか ききました。 ▶2もん×15点【30点】

(1) あかりさんは「左から 2ばんめと 右から 3ばんめは おなじ きごうを かいたよ。」と こたえました。左から 2ばんめに かいた きごうは なんですか。

こたえ

(2) あかりさんは「左から 7ばんめと 右から 5ばんめは おなじ きごうを かいたよ。」と こたえました。左から 7ばんめに かいた きごうは なんですか。

こたえ

こたえ☞112ページ

左からや 右から，上からや 下(した)から かぞえる もんだいだね。
「左から 4こめ」と「左から 4こ」のちがいに きをつけよう。

なんばんめ (2)

月　日(　時　分～　時　分)
なまえ
点
100点

1 つぎの もんだいに こたえましょう。

▶４もん×10点【40点】

(1) まえから ４こめの 花(はな)を ぬりつぶしましょう。

(2) まえから ５この いちごを ぬりつぶしましょう。

(3) うしろから ３こめの はこを ぬりつぶしましょう。

(4) うしろから ２ひきの 犬(いぬ)を ぬりつぶしましょう。

2 つぎの もんだいに こたえましょう。

▶2もん×15点【30点】

(1) 6人(にん)が きょうそうして います。まえから 4人は おかしが もらえます。おかしが もらえる 人(ひと)に ○を つけましょう。

(2) ラーメン(らあめん)やさんに 人が ならんで います。まえから 5人めと うしろの 3人は わりびきけんを もって います。わりびきけんを もって いる 人に ○を つけましょう。

3 右(みぎ)の えのように 人が ならんで います。

▶2もん×15点【30点】

(1) のみものを 手(て)で もって いる 人は，まえから なんばんめですか。

こたえ　　　ばんめ

(2) リュックサックを せおって いる 人は，まえから なんばんめ，うしろから なんばんめですか。

こたえ　まえから　　　ばんめ，うしろから　　　ばんめ

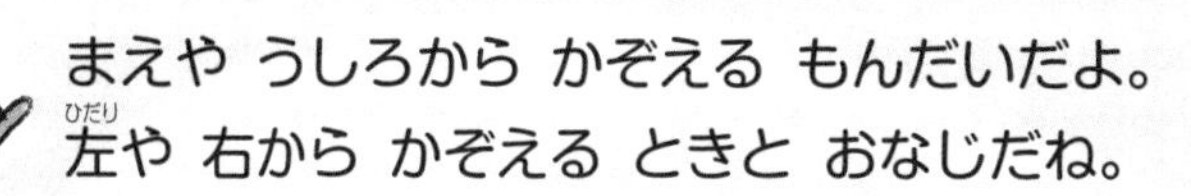

まえや うしろから かぞえる もんだいだよ。
左(ひだり)や 右から かぞえる ときと おなじだね。

とけい (1)

がつ　にち　じ　ふん　じ　ふん
月　日（　時　分～　時　分）

なまえ

点
100点

1 つぎの もんだいに こたえましょう。　▶２もん×10点【20点】

(1) りんくんが おきて，とけいを 見(み)ると，右(みぎ)の ように なって いました。りんくんが おきたのは なんじですか。

こたえ　　じ

(2) みほさんが いえに かえると，とけいは 右の ように なって いました。みほさんが いえに かえったのは なんじはんですか。

こたえ　　じはん

2 たきくんが 学校(がっこう)に ついた とき，とけいは ㋐のように なって いました。たきくんが 学校を 出(で)た とき，とけいは ㋑のように なって いました。

▶２もん×10点【20点】

(1) たきくんが 学校に ついたのは なんじ なんぷんですか。

㋐

こたえ　　じ　　ぷん

(2) たきくんが 学校を 出たのは なんじ なんぷんですか。

㋑

こたえ　　じ　　ぷん

3 つぎの じこくの とおりに，とけいの 中(なか)に ながい はりを かきましょう。

▶2もん×15点【30点】

(1) 9じ15ふん

(2) 1じ50ぷん

4 ゆみさんは，9じから 10じの あいだに とけいを 4かい 見ました。下(した)の えは，それぞれ ゆみさんが とけいを 見た ときの じこくです。

▶3もん×10点【30点】

1かいめ

2かいめ

3かいめ

4かいめ

(1) ゆみさんが さいしょに とけいを 見たのは，なんじ なんぷんですか。

こたえ　　じ　　ぷん

(2) 9じ15ふんは なんかいめに 見た ときの じこくですか。

こたえ　　かいめ

(3) 9じ50ぷんは なんかいめと なんかいめの あいだの じこくですか。

こたえ　　かいめと　　かいめ

こたえ☞113ページ

とけいの よみかたを やったよ。○時(じ)と ○時半(じはん)は よめるように しよう。

とけい (2)

月　日(　時　分～　時　分)

なまえ

点 / 100点

1 つぎの とけいは なんじ なんぷんですか。　▶４もん×５点【20点】

(1)

こたえ　　じ　　ぷん

(2)

こたえ　　じ　　ふん

(3)

こたえ　　じ　　ぷん

(4)

こたえ　　じ　　ふん

2 つぎの とけいは なんじ なんぷんですか。　▶２もん×10点【20点】

(1)

こたえ　　じ　　ふん

(2)

こたえ　　じ　　ふん

3 つぎの もんだいに こたえましょう。

▶2もん×15点【30点】

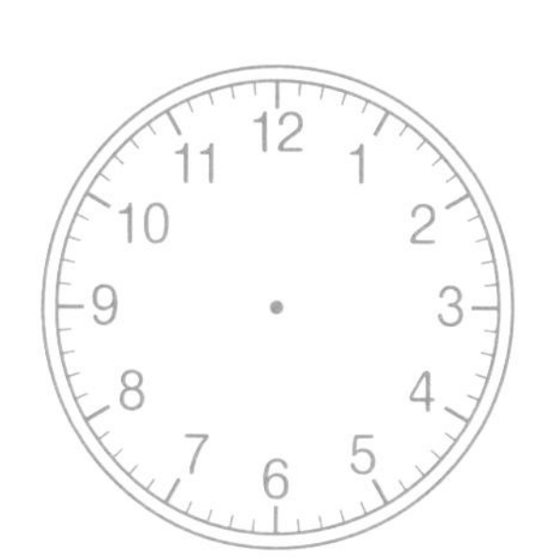

(1) こはるさんは 1じ35ふんに いえを 出ました。いえを 出た ときの とけいの はりを 左の とけいに かきましょう。

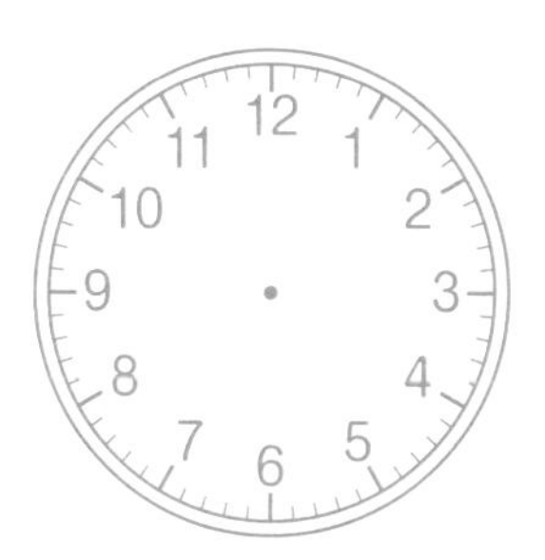

(2) れおんくんは 8じ15ふんに おきました。おきた ときの とけいの はりを 左の とけいに かきましょう。

4 つぎの もんだいに こたえましょう。

▶2もん×15点【30点】

(1) いずみさんは 右の とけいを 見て，その15ふんごに いえを 出ました。いずみさんが いえを 出たのは なんじ なんふんですか。

こたえ　　　じ　　　ふん

(2) はるかさんは 学校を 出て，10ぷんごに いえに つきました。いえに ついた とき，とけいは 右のように なって いました。はなこさんが 学校を 出たのは なんじ なんふんですか。

こたえ　　　じ　　　ぷん

こたえ☞113ページ

とけいの ながい はりが めもりの 上に きて いない ときでも，なんじ なんふんなのか わかるように しようね！

小学１年の図形と文章題

かくにんテスト
（第26～29回）

月　日（　時　分～　時　分）

なまえ

点
100点

1 つぎの もんだいに こたえましょう。

▶2もん×10点【20点】

(1) まえから 3ひきの さかなを ぬりつぶしましょう。

(2) うしろから 5こめの あめを ぬりつぶしましょう。

2 つぎのように 7人が ならんで います。

▶3もん×10点【30点】

(1) めいさんは まえから なんばんめに いますか。

こたえ　　　ばんめ

(2) さとみさんは うしろから なんばんめに いますか。

こたえ　　　ばんめ

(3) いつきくんの うしろには なん人 いますか。

こたえ　　　人

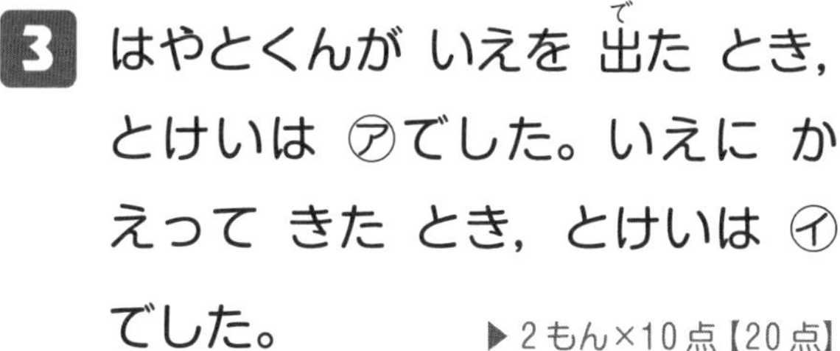

3 はやとくんが いえを 出(で)た とき，とけいは ㋐でした。いえに かえって きた とき，とけいは ㋑でした。 ▶2もん×10点【20点】

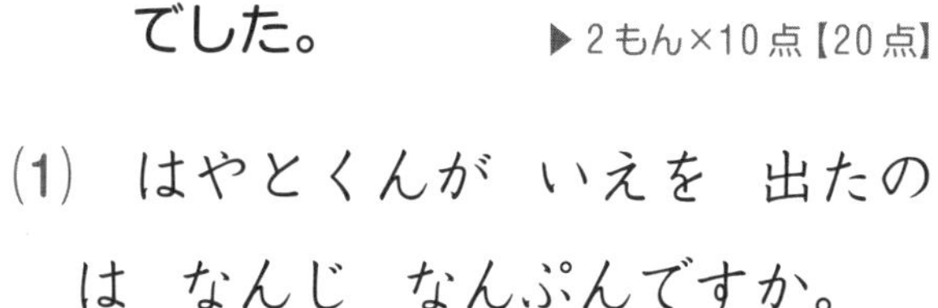

(1) はやとくんが いえを 出たのは なんじ なんぷんですか。

こたえ　　じ　　ぷん

(2) はやとくんが かえって きたのは なんじ なんふんですか。

こたえ　　じ　　ふん

4 つぎの もんだいに こたえましょう。 ▶2もん×15点【30点】

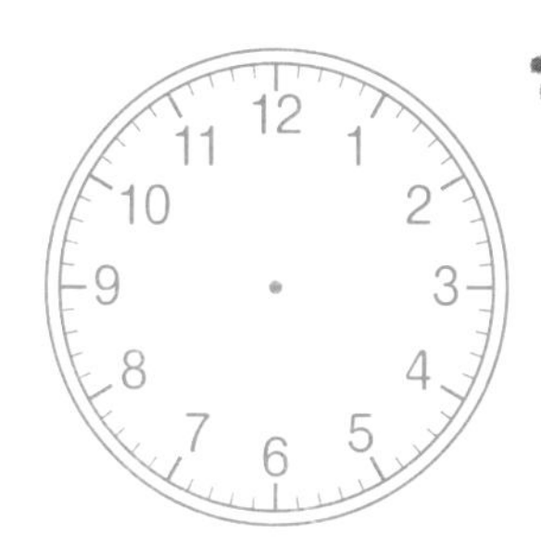

(1) ゆきやくんは 3じ55ふんに おやつを たべはじめました。ゆきやくんが おやつを たべはじめた ときの とけいの はりを 左(ひだり)の とけいに かきましょう。

(2) えみさんは 7じ10ぷんに よるごはんを たべはじめました。えみさんが よるごはんを たべはじめた ときの とけいの はりを 左の とけいに かきましょう。

こたえ☞113ページ

まとめ
なんばんめと とけいの よみかたの かくにんだよ。
どちらも みの まわりの もので べんきょう できるね！

ながさくらべ (1)

月　日（　時　分～　時　分）

なまえ

点
100点

1 つぎの もんだいに こたえましょう。 ▶2もん×10点【20点】

(1) あと いを くらべて，ながい ほう に ○を つけましょう。

あ
い

こたえ（ あ　　い ）

(2) おなじ ながさの ぼうが 7本 あります。3本 つかって あを つくり，4本 つかって いを つくりました。つかった ぼうの ながさの ごうけいを くらべると，あと いの どちらの ほうが ながいですか。

あ
い

こたえ（ あ　　い ）

2 つぎの もんだいに こたえましょう。 ▶2もん×15点【30点】

(1) あと いの でんしゃを くらべて，ながい ほうに ○を つけましょう。

あ
い

こたえ（ あ　　い ）

(2) あと いの ひこうきを くらべて，ながい ほうに ○を つけましょう。

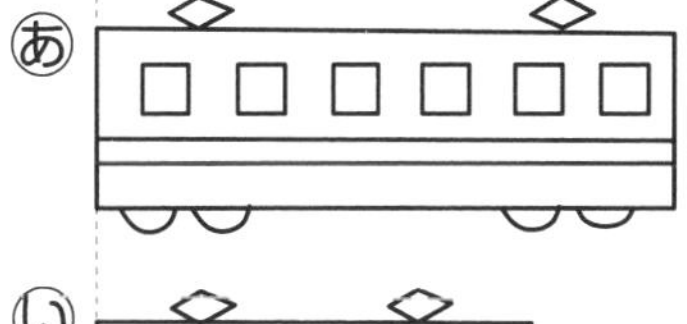

あ
い

こたえ（ あ　　い ）

3 かみの たてと よこの ながさを くらべます。 ▶2もん×10点【20点】

(1) 右(みぎ)の ずは，ますめの たてと よこの ながさが おなじです。かみの たてと よこは どちらが ながいですか。

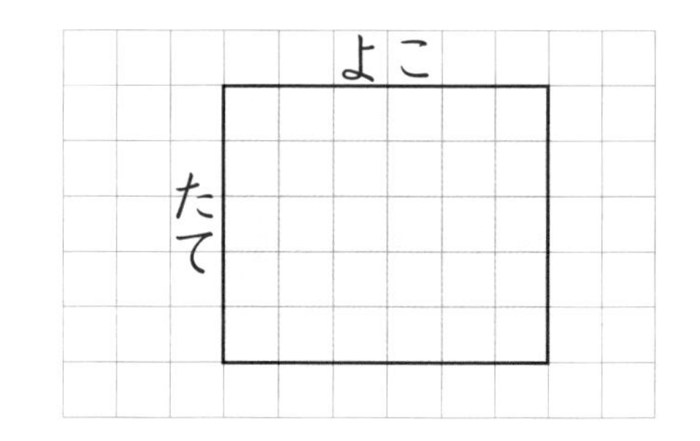

こたえ（ たて よこ ）

(2) 右の ずは，かみを おった ときの ようすです。かみの たてと よこは どちらが ながいですか。

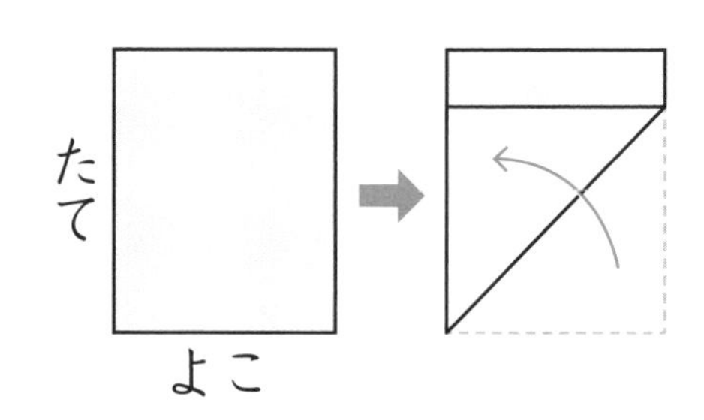

こたえ（ たて よこ ）

4 あ，い，うを ながい ものから じゅんに ならべましょう。ただし，(2)の ますめの たてと よこの ながさは おなじです。 ▶2もん×15点【30点】

(1)

あ い う

(2)

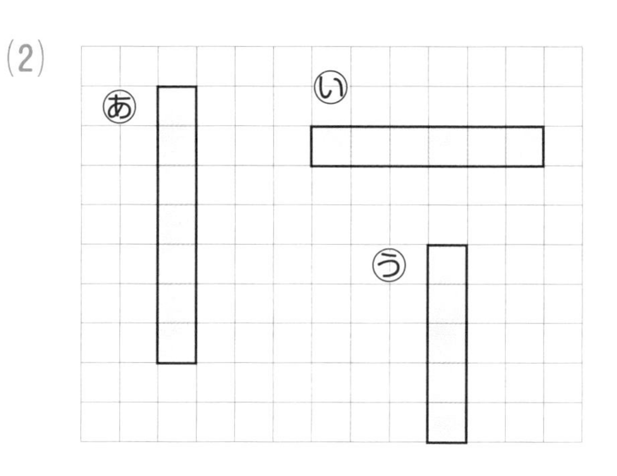

こたえ → →

こたえ → →

ながさ くらべを したよ。
ますめが ある ときは ますめを じょうずに つかおう！

ながさくらべ (2)

月　日（　時　分～　時　分）

なまえ

点 / 100点

1 つぎの もんだいに こたえましょう。ただし，ますめの たてと よこの ながさは おなじです。

▶２もん×10点【20点】

(1) 右(みぎ)の あ～えを みじかい じゅんに ならべましょう。

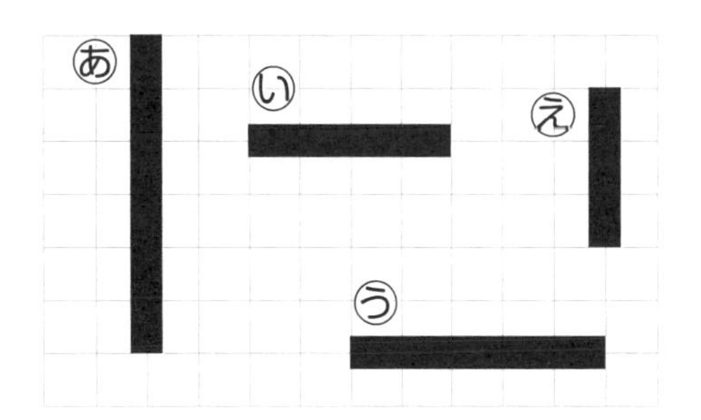

こたえ　　→　　→　　→

(2) 右の あ～えを ながい じゅんに ならべましょう。

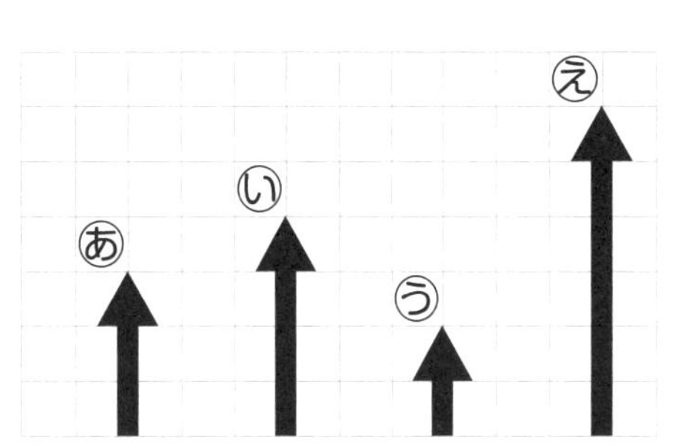

こたえ　　→　　→　　→

2 ①と ②の うち，ながい ほうの きごうを こたえましょう。ただし，えの ぼう（　）の ながさは どれも おなじです。

▶２もん×15点【30点】

(1)

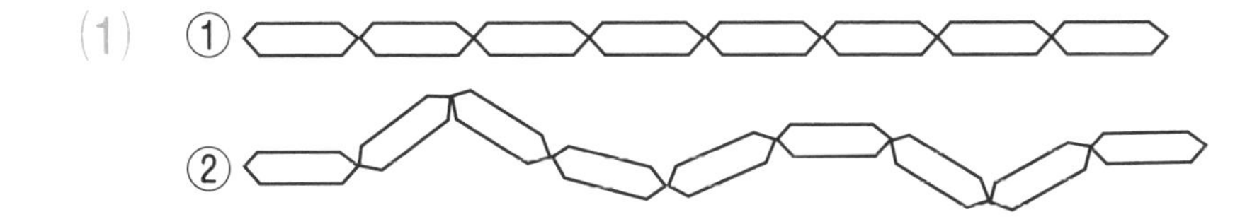

こたえ

(2)

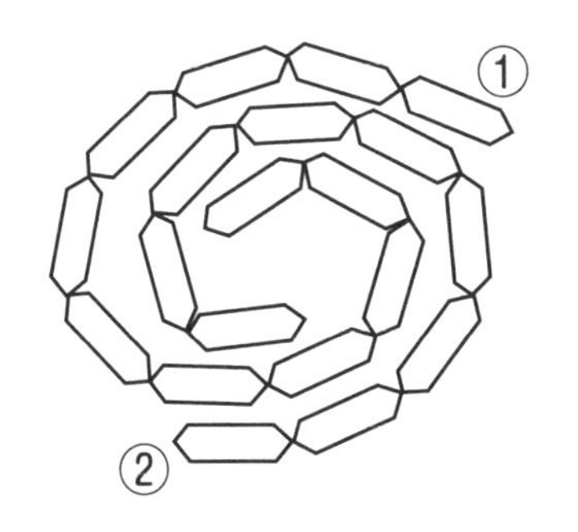

こたえ

3 つぎの もんだいに こたえましょう。ただし，ますめの たてと よこの ながさは おなじです。

▶ 2もん×10点【20点】

(1) ①と ②の うち，ながい ほうの きごうを こたえましょう。

こたえ

(2) ①と ②の うち，みじかい ほうの きごうを こたえましょう。

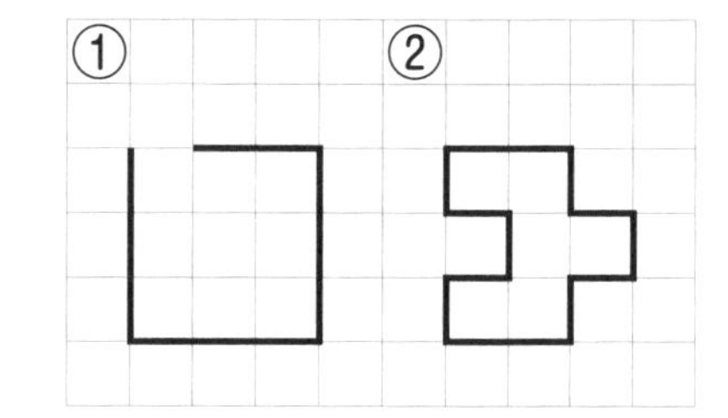

こたえ

4 右の ずのように，たてと よこの ながさが おなじ ますめの 上(うえ)に，①・②・③の はりがねを おきました。

▶ 3もん×10点【30点】

(1) ①の はりがねの ながさは なんますぶんですか。

こたえ　　　ますぶん

(2) ①と ②では，どちらが なんますぶん ながいですか。

こたえ　　　が　　　ますぶん ながい

(3) ①と ③では，どちらが なんますぶん ながいですか。

こたえ　　　が　　　ますぶん ながい

こたえ☞114ページ

こんかいも ながさくらべの もんだいだよ。
すこし ふくざつに なっても ますめを つかうと くらべやすく なるね！

ひろさくらべ

月　日（　時　分～　時　分）

なまえ

点 / 100点

1 つぎの もんだいに こたえましょう。

▶2もん×15点【30点】

(1) 右（みぎ）の ずで，□と ■は それぞれ なんこ ありますか。

こたえ □…　　こ　■…　　こ

(2) 右の ずで，□と ■は それぞれ なんこ ありますか。

こたえ □…　　こ　■…　　こ

2 つぎの もんだいに こたえましょう。

▶2もん×15点【30点】

(1) 右の ずで，ⓐ，ⓘ，ⓤは それぞれ なんますぶんですか。

こたえ ⓐ…　　ますぶん

ⓘ…　　ますぶん

ⓤ…　　ますぶん

(2) ひろい ほうから じゅんに ⓐ，ⓘ，ⓤを ならべましょう。

こたえ　　→　　→

3 りっちゃんと よっくんは，ばしょとりゲーム(げえむ)を して います。じゃんけんで かったら，1ますぶん ぬることが できます。りっちゃんは はいいろ（■），よっくんは みずいろ（■）です。

▶2もん×20点【40点】

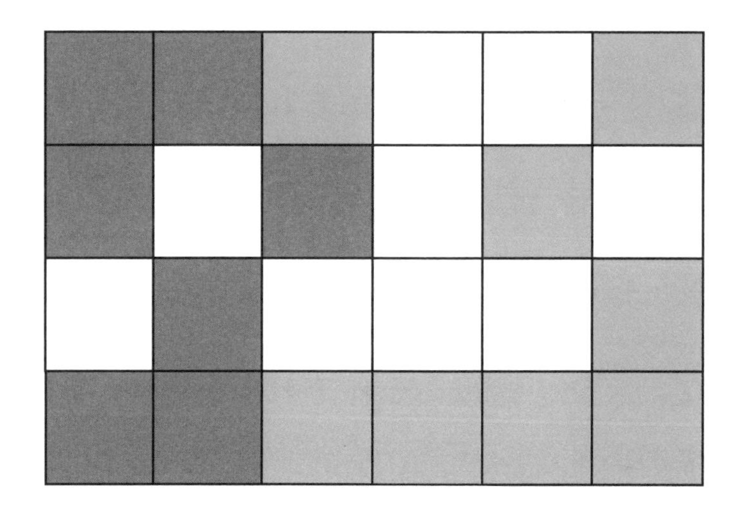

■：りっちゃん　■：よっくん

(1) りっちゃんと よっくんは それぞれ なんますぶん ぬりましたか。

こたえ りっちゃん…　　　ますぶん よっくん…　　　ますぶん

(2) りっちゃんと よっくんの どちらが なんますぶん おおく ぬりましたか。

こたえ　　　が　　　ますぶん おおく ぬった

まとめ

ひろさ くらべの もんだいだよ。
なんますぶんかを かぞえると ひろさを くらべられるね。

第34回

小学1年の図形と文章題

かたちづくり

がつ 月　にち 日（　じ 時　ふん 分～　じ 時　ふん 分）

なまえ

点 / 100点

1 ㋐を ならべて いろいろな かたちを つくりました。①～③のかたちは，それぞれ ㋐を なんまい　つかって いますか。　▶3もん×10点【30点】

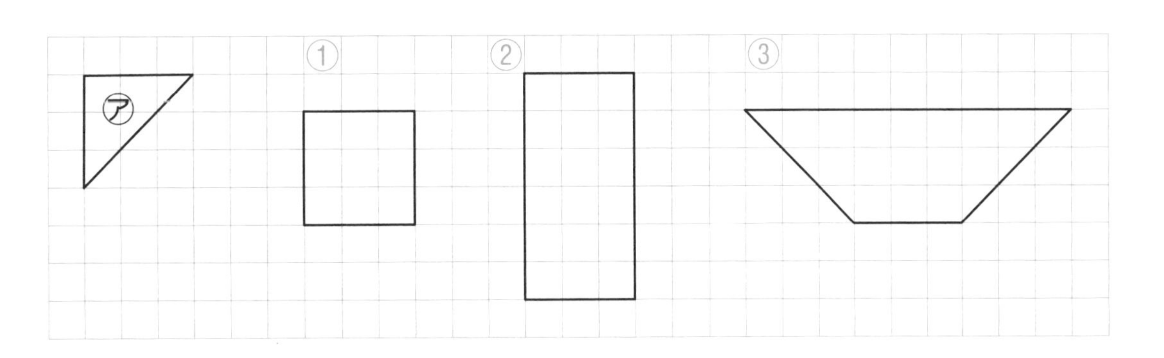

こたえ　①…　　まい　②…　　まい　③…　　まい

2 ㋑を ならべて いろいろな かたちを つくりました。①～③の かたちは，それぞれ ㋑を なんまい つかって いますか。　▶3もん×10点【30点】

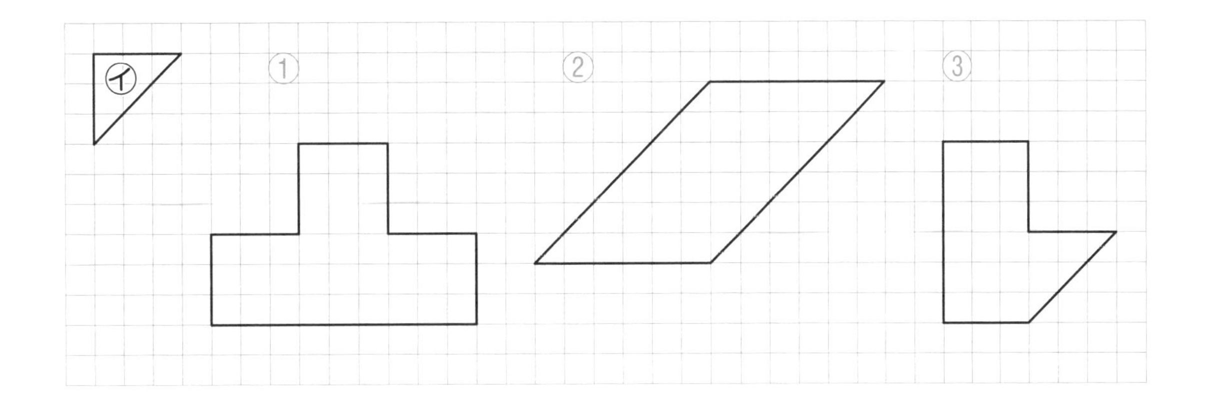

こたえ　①…　　まい　②…　　まい　③…　　まい

3 下(した)の えのように，㋒を ならべて いろいろな かたちを つくりました。①～④の かたちは，それぞれ ㋒を なんまい つかって いますか。

▶ 4もん×10点【40点】

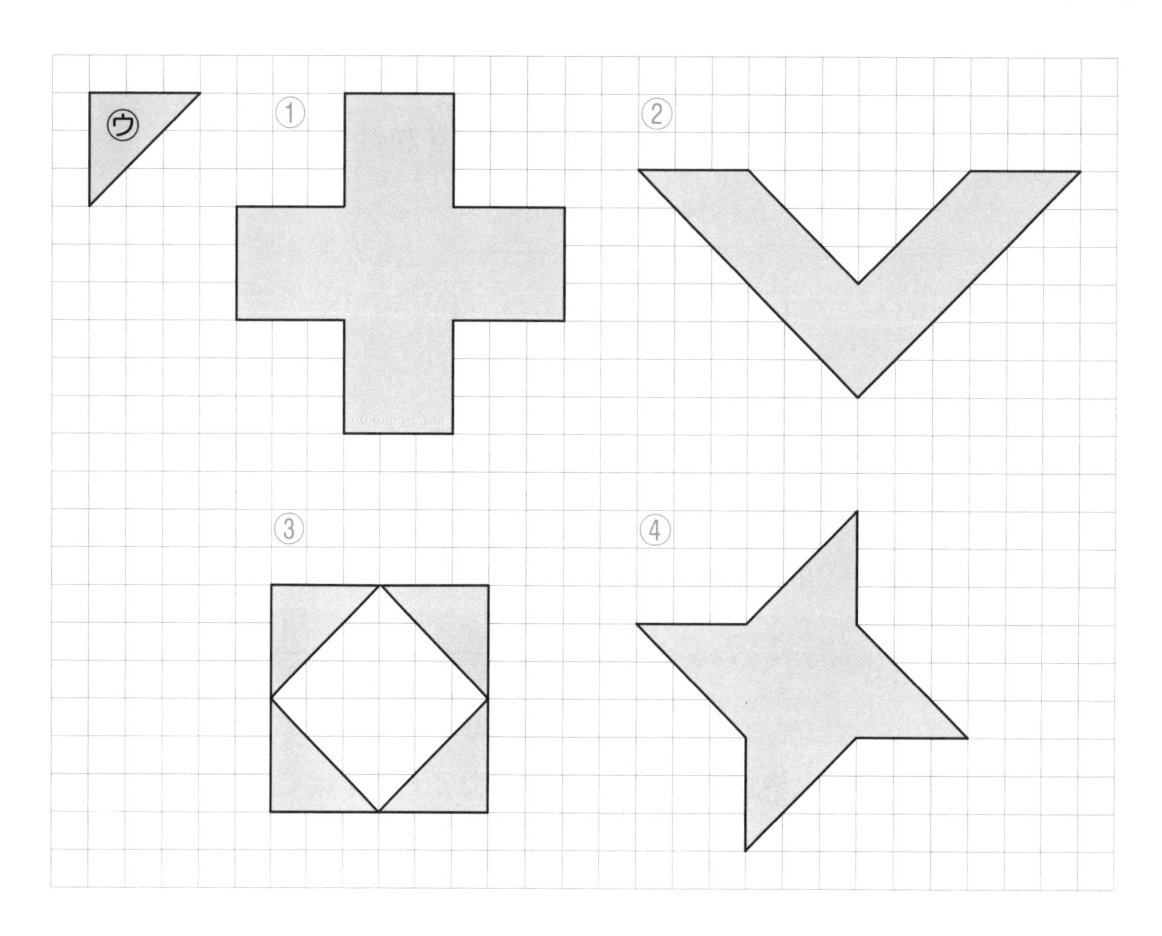

こたえ ①… まい ②… まい

③… まい ④… まい

こたえ☞114ページ

かたちづくりの もんだいだよ。
せんを かきこんで かんがえて みよう。大(おお)きさに ちゅうい してね。

第35回

小学１年の図形と文章題

かくにんテスト (第31～34回)

月　日（　時　分～　時　分）

なまえ

点 / 100点

1 右の えを 見て，つぎの もんだいに こたえましょう。 ▶２もん×10点【20点】

(1) ひも㋐・㋑の ながさを くらべる とき，ながいほうの ひもに ○を つけましょう。

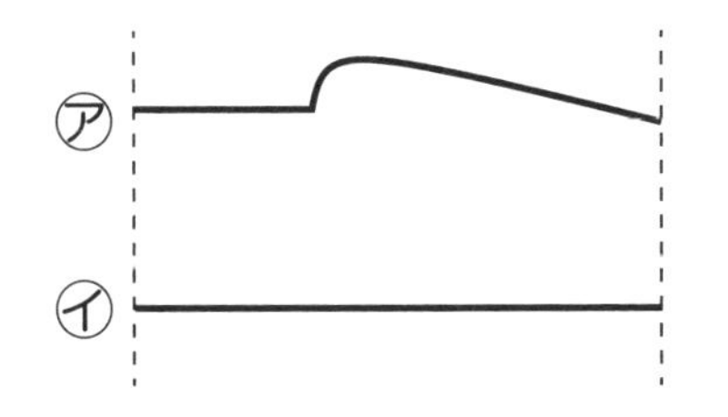

こたえ（ ㋐ 　 ㋑ ）

(2) ㋐と ㋑の 車の ながさを くらべる とき，ながい車に ○を つけましょう。

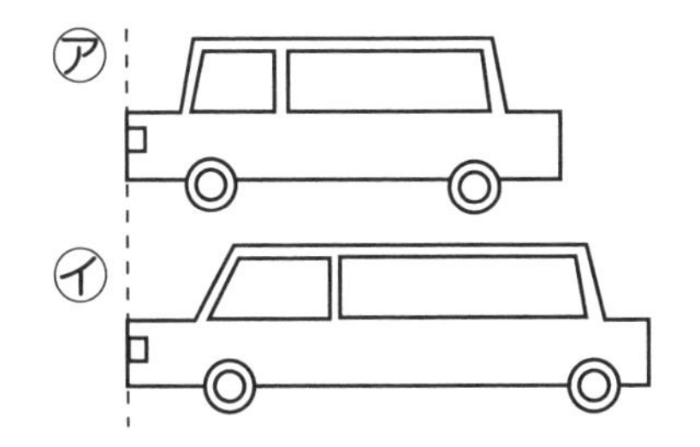

こたえ（ ㋐ 　 ㋑ ）

2 右の えを 見て，つぎの もんだいに こたえましょう。 ▶２もん×10点【20点】

(1) ①～④を ながい じゅんに ならべましょう。

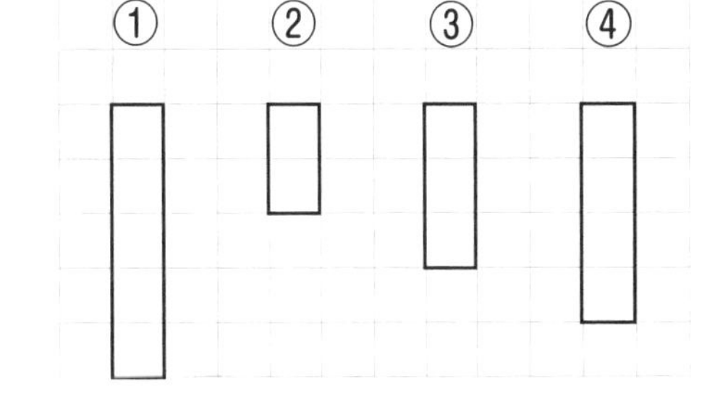

こたえ　　→　　→　　→

(2) ①～④を みじかい じゅんに ならべましょう。

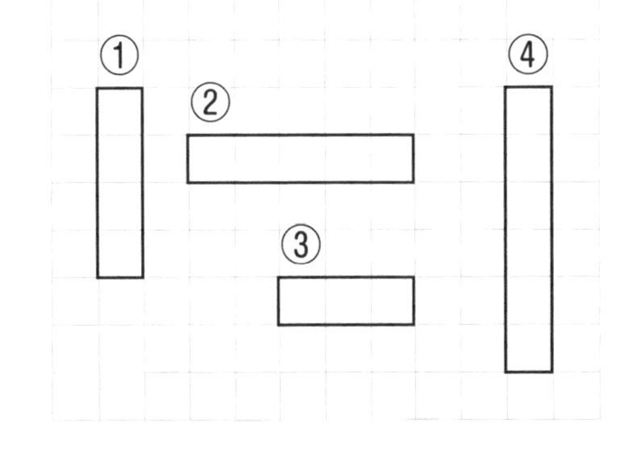

こたえ　　→　　→　　→

3 いろを ぬった ところが ひろい じゅんに，㋐，㋑，㋒を ならべましょう。

▶1もん×20点【20点】

㋐

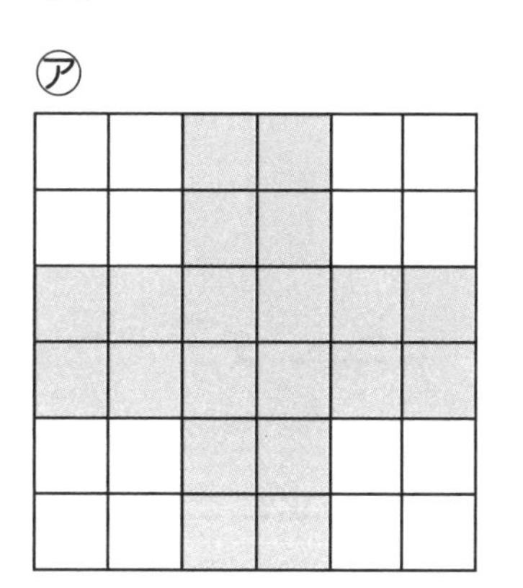

㋑

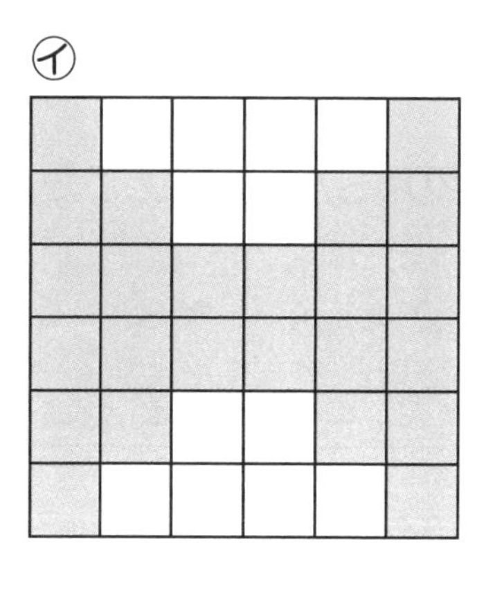

㋒

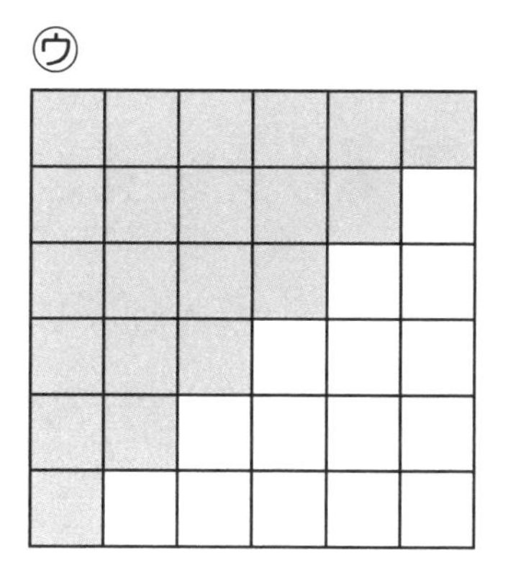

こたえ　　　→　　　→

4 ㋐を ならべて，いろいろな かたちを つくりました。①～④は，それぞれ なんまい つかって いますか。

▶4もん×10点【40点】

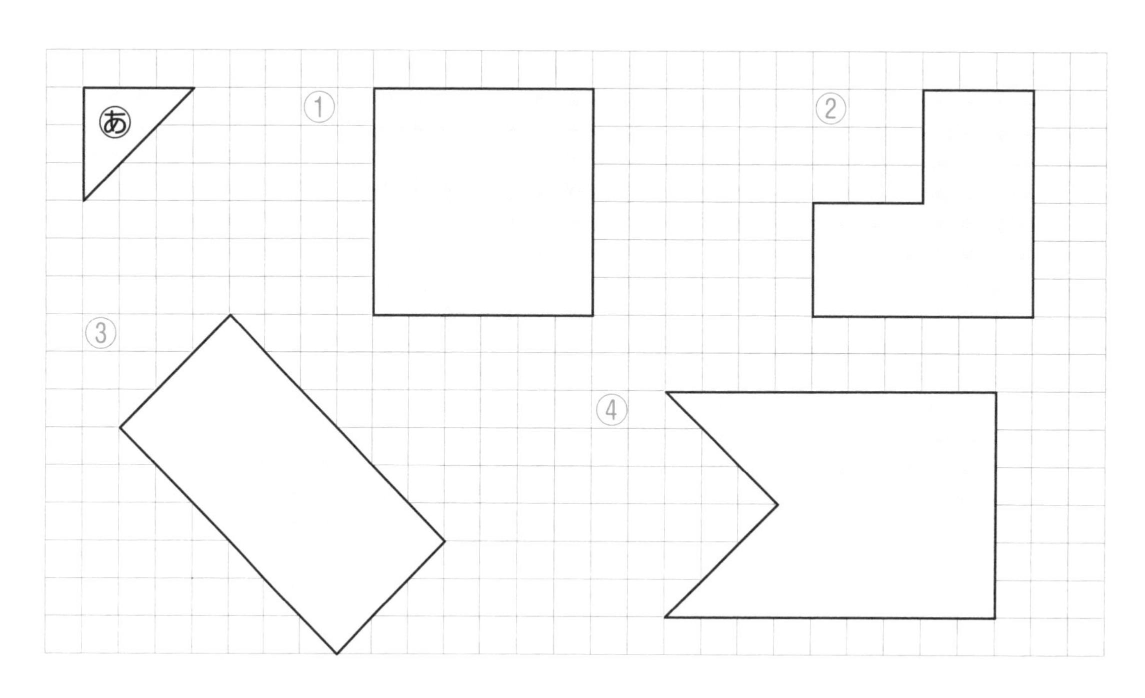

こたえ ①…　　まい ②…　　まい ③…　　まい ④…　　まい

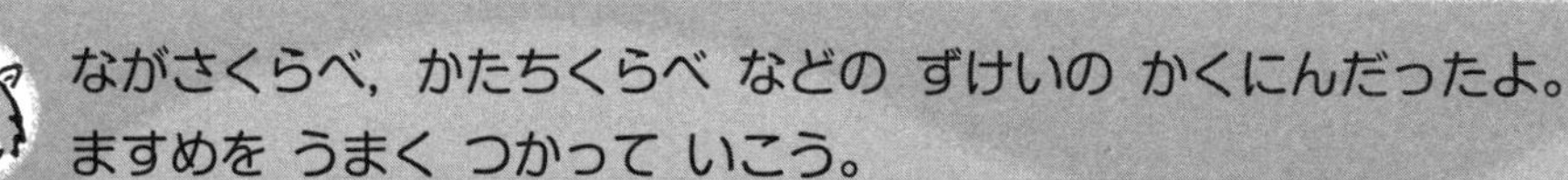

ぼうならべ

月　日（　時　分～　時　分）
なまえ
点
100点

1 ぼうを ならべて いろいろな かたちを つくりました。それぞれ ぼうを なん本（ほん） つかって いますか。

▶３もん×10点【30点】

(1)

こたえ　　本

(2)

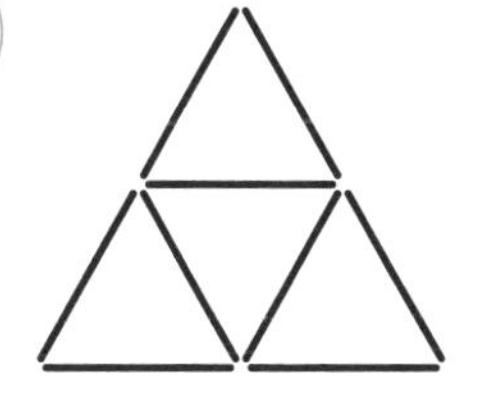

こたえ　　本

(3)

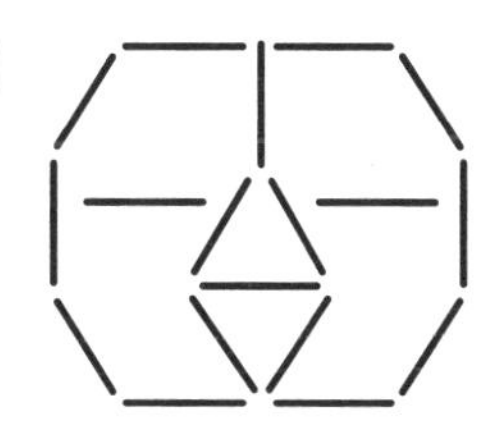

こたえ　　本

2 ・と ・を せんで むすんで，上（うえ）の えと おなじ かたちを，下（した）に かきましょう。

▶３もん×10点【30点】

(1)

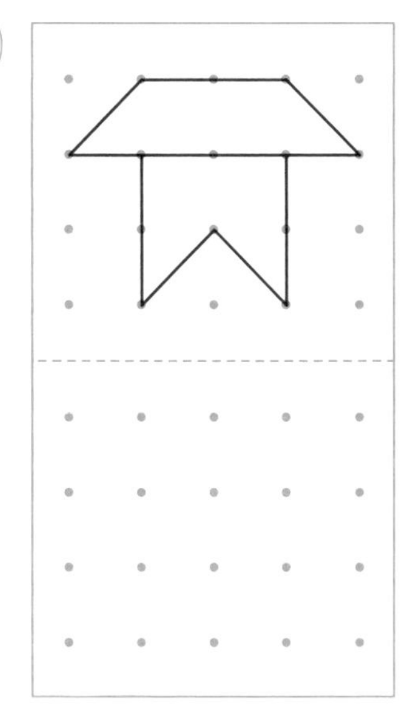

(2)

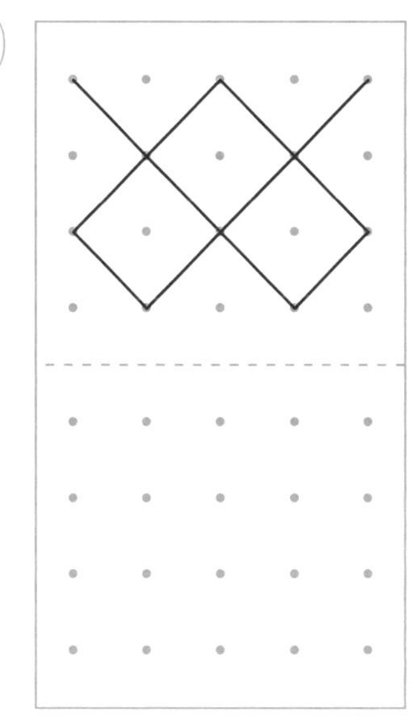

(3)

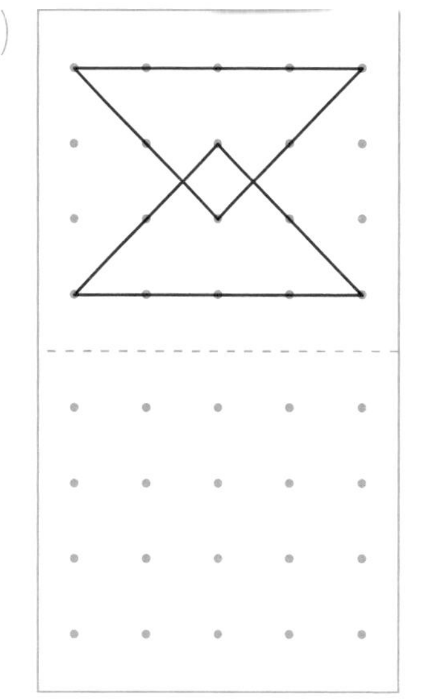

3 右(みぎ)の ずのように，------ で おりまげた ときに せんが ぴったり かさなるように，・を せんで むすんで，------ の はんたいがわに せんを かきくわえましょう。

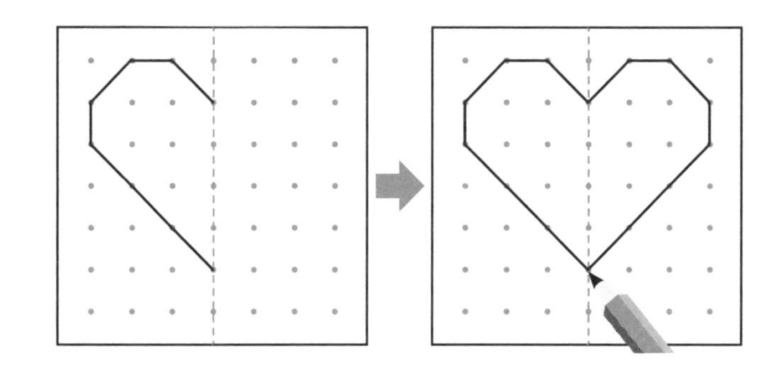

▶ 4 もん×10点【40点】

(1)

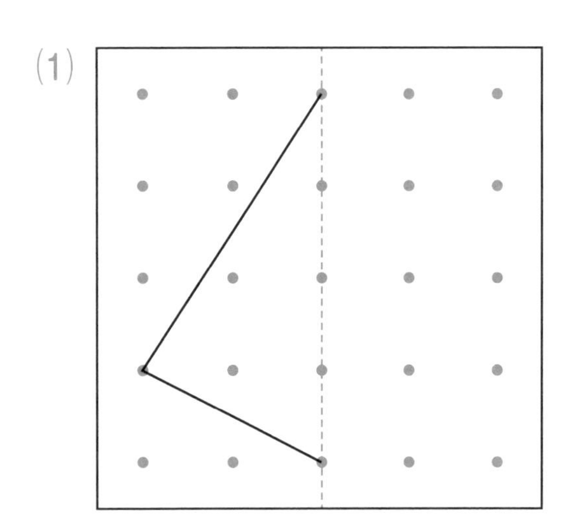

(2)

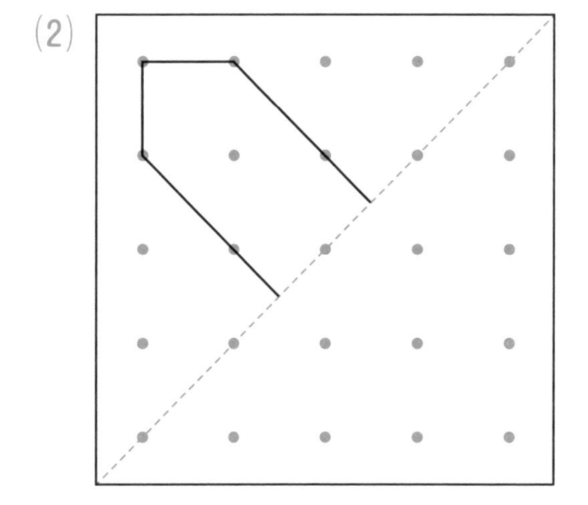

(3)

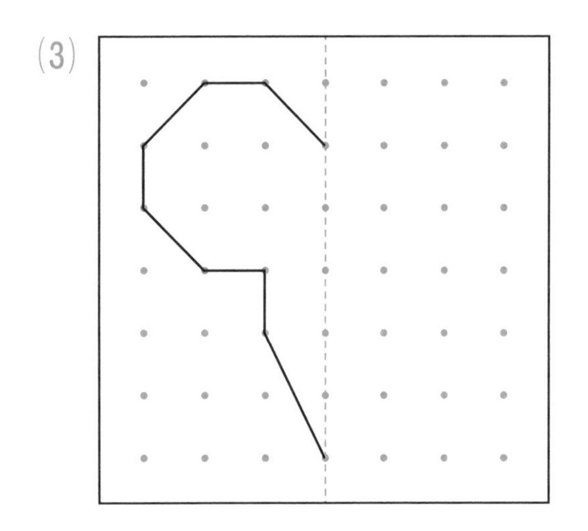

(4)

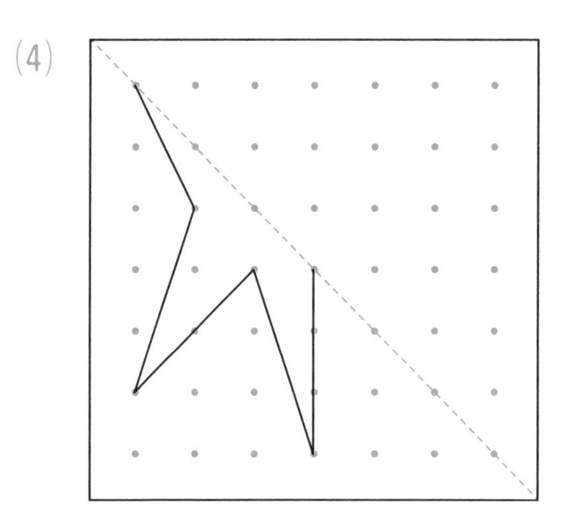

こたえ☞115ページ

ぼうを ならべる もんだいだよ。ずけいを よく見(み)て こたえて いこう！

かさ

月　日（　時　分～　時　分）

なまえ

点 / 100点

1 つぎの もんだいに こたえましょう。

▶2もん×10点【20点】

(1) ㋐に 水を いっぱいに 入れて，㋑に うつすと，右の えのように なりました。水は ㋐と ㋑の どちらに おおく 入りますか。

こたえ（　㋐　　㋑　）

(2) ㋐に 水を いっぱいに 入れて，㋑に うつすと，水は こぼれました。水は ㋐と ㋑の どちらに おおく 入りますか。

こたえ（　㋐　　㋑　）

2 つぎの もんだいに こたえましょう。

▶2もん×10点【20点】

(1) 右の えで，㋐と ㋑と ㋒は おなじ ようきです。水が おおい じゅんに ならべましょう。

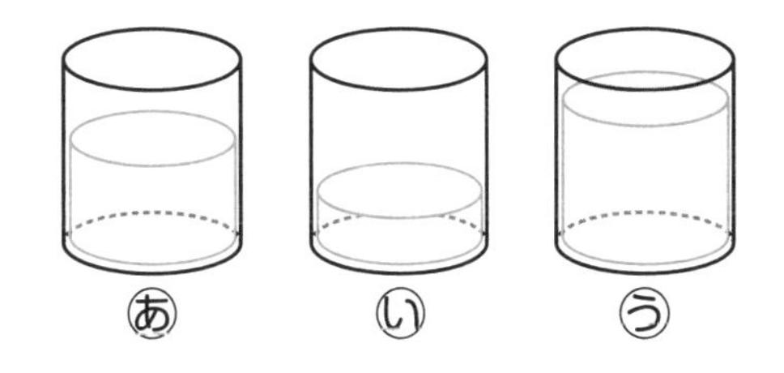

こたえ　　→　　→

(2) ㋓，㋔，㋕は おなじ たかさの ようきで，おなじ たかさまで 水が 入って います。水が すくない じゅんに ならべましょう。

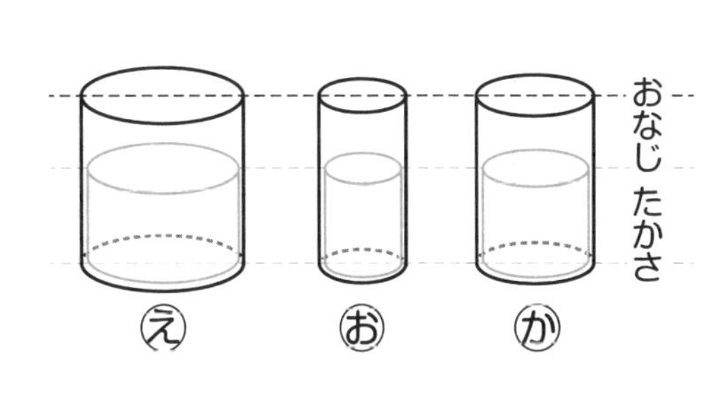

こたえ　　→　　→

3 いろいろな ようきに 入る 水の かさを，コップを つかって しらべました。

▶2もん×15点【30点】

(1) (あ)と (い)は，どちらの ほうが コップ なんはい おおく 水が 入りますか。

しき ＿＿＿＿＿＿＿＿＿＿

こたえ ＿＿＿＿がコップ＿＿＿＿はい おおい

(2) (う)と (え)では，どちらの ほうが コップ なんはい おおく 水が 入りますか。

しき ＿＿＿＿＿＿＿＿＿＿　こたえ ＿＿＿＿がコップ＿＿＿＿はい おおい

4 右の 3つの ようきに 入る 水の かさを，コップを つかって あらわしました。 ▶2もん×15点【30点】

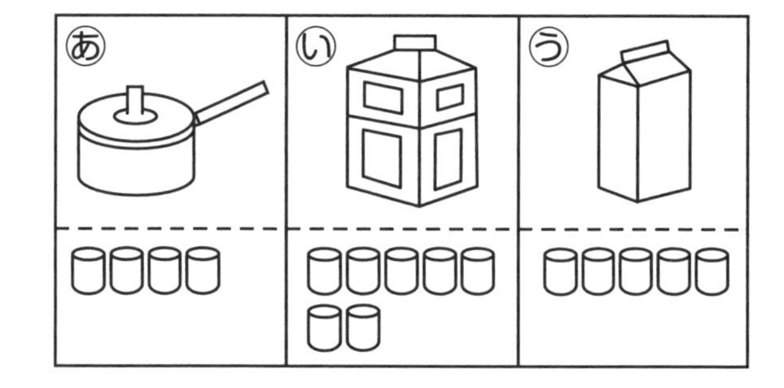

(1) (あ)には，コップ 4はいぶんの 水が 入ります。(い)は (う)よりも コップ なんはいぶん おおく 水が 入りますか。

しき ＿＿＿＿＿＿＿＿＿＿　こたえ ＿＿＿＿はいぶん

(2) (あ)と (い)と (う)には，あわせて コップ なんはいぶんの 水を 入れる ことが できますか。

しき ＿＿＿＿＿＿＿＿＿＿　こたえ ＿＿＿＿はいぶん

こたえ☞116ページ

かさの もんだいだよ。
水の りょうの くらべかたには いろいろな くらべかたが あるね。

小学1年の図形と文章題

かたち (1)

月　日(　時　分～　時　分)

なまえ

点 / 100点

1 左(ひだり)の ずのように，みのまわりの ものを 3しゅるいの かたちに わけて かんがえます。右(みぎ)の えで，にて いる かたちの ものを せんで むすびましょう。

▶1もん×20点【20点】

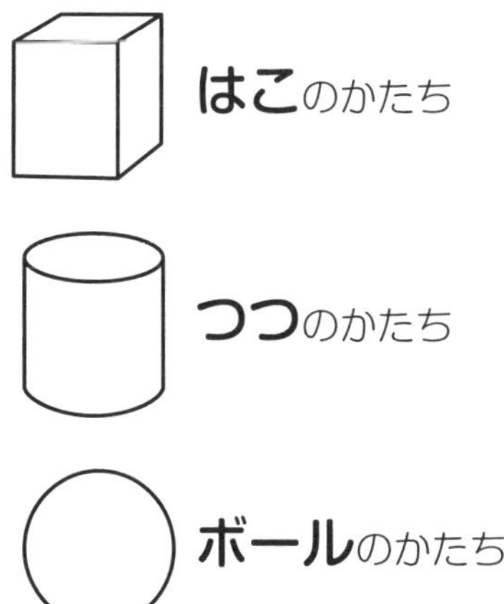

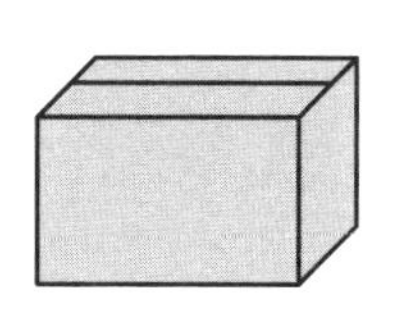
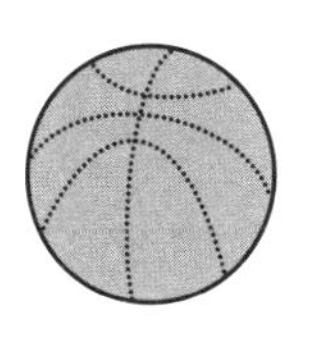

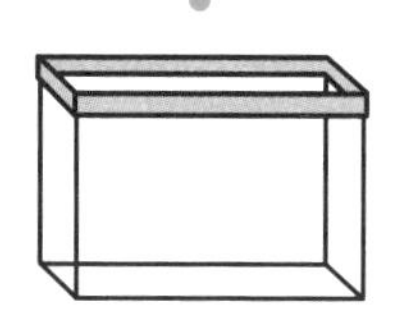

2 つぎのように つみきの そこを なぞった とき，できる かたちを せんで むすびましょう。

▶1もん×30点【30点】

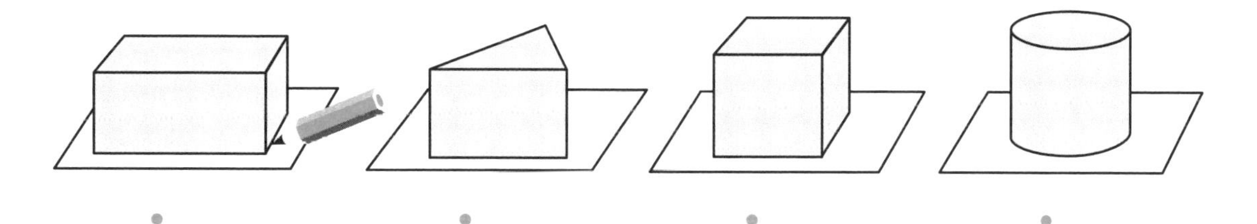

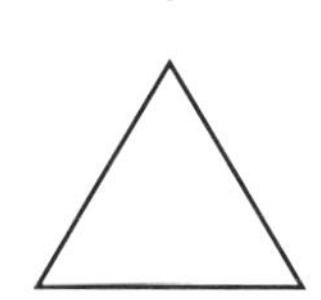
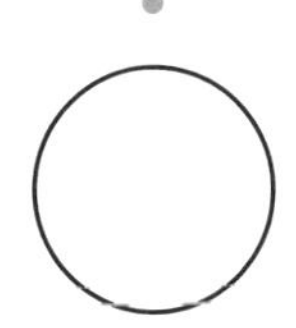

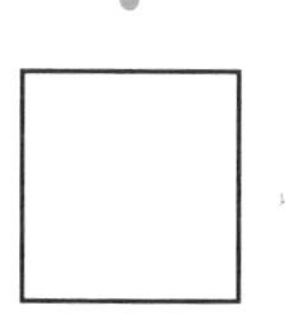

3 下(した)の ①～④の うちの 3この つみきを つかって 右の ような かたちを つくりました。つかわなかった つみきは ①～④の うち，どれですか。 ▶1もん×20点【20点】

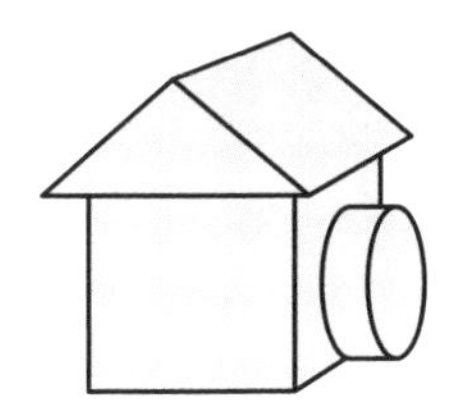

① 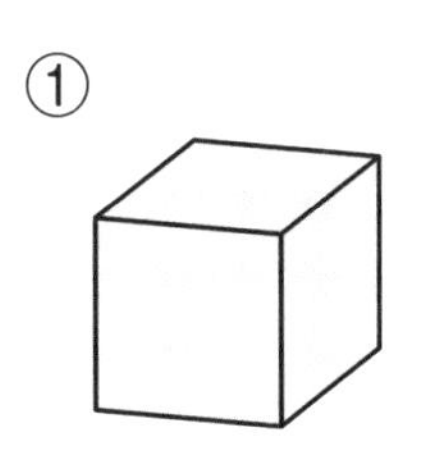
② 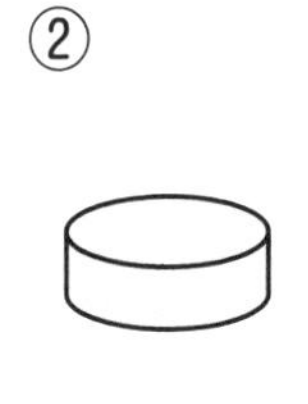
③ 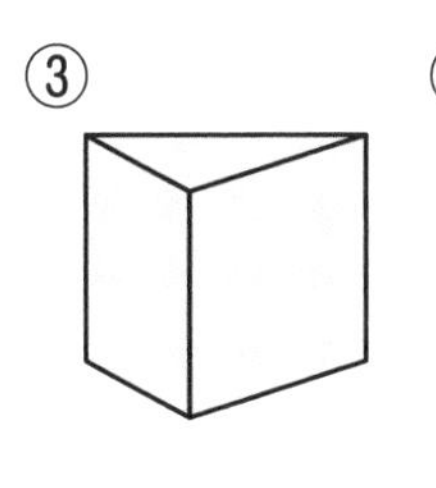
④ 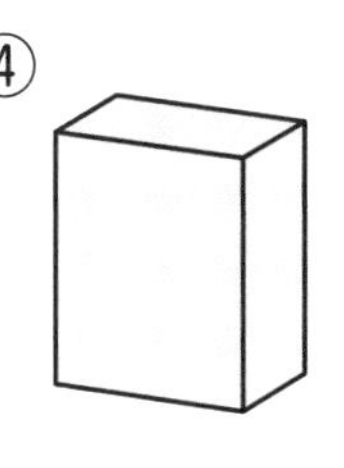

こたえ ________

4 つぎの もんだいに こたえましょう。 ▶2もん×15点【30点】

(1) 右の かたちを いろいろな むきから 見(み)ます。㋐～㋓の うち，どこから 見ても 見えない かたちを すべて えらびましょう。

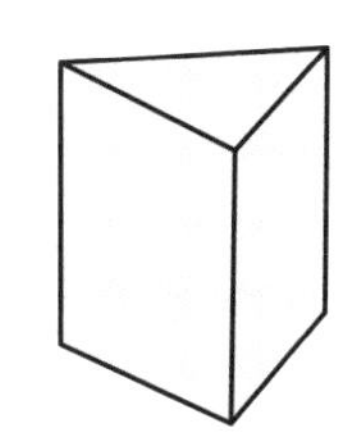

㋐ 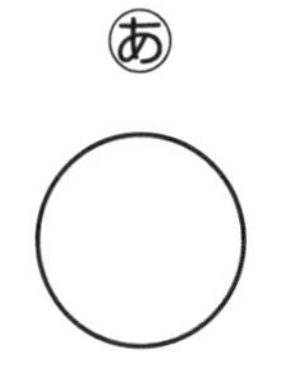
㋑ 
㋒ 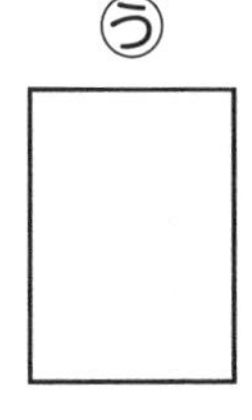
㋓ 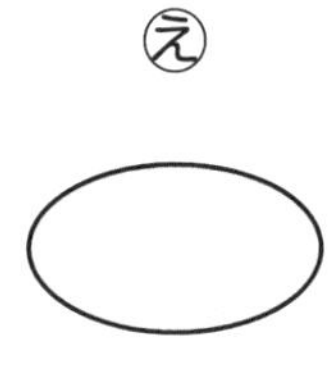

こたえ ________

(2) 右の かたちを いろいろな むきから 見ます。㋐～㋓の うち，どこから 見ても 見えない かたちを すべて えらびましょう。

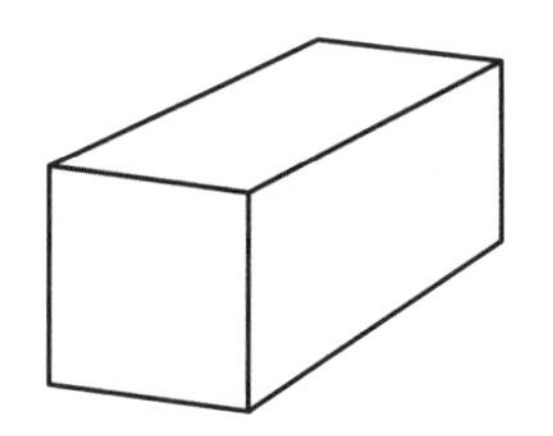

㋐ 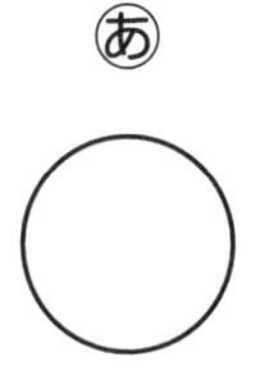
㋑ 
㋒ 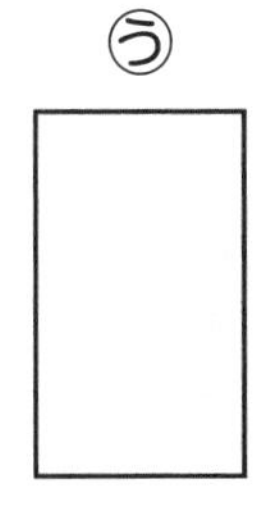
㋓ 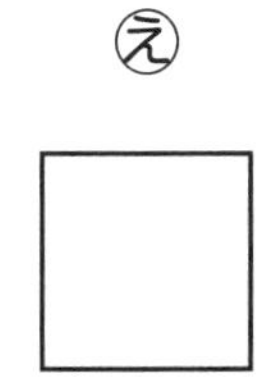

こたえ ________

こたえ☞116ページ

はこの かたち，つつの かたち，ボールの かたちを べんきょう したよ。むきを かえると いろいろな かたちに 見えるね。

かたち (2)

1 つみきを くみあわせて (1)と(2)を つくりました。それぞれ つみきを なんこ つかいましたか。

▶ 2もん×5点【10点】

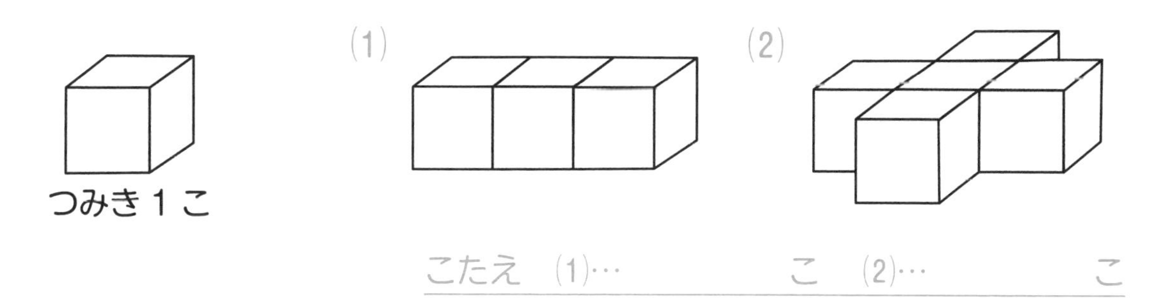

こたえ (1)… こ (2)… こ

2 つみきを つんで (1)～(4)を つくりました。それぞれ つみきを なんこ つかいましたか。

▶ 4もん×10点【40点】

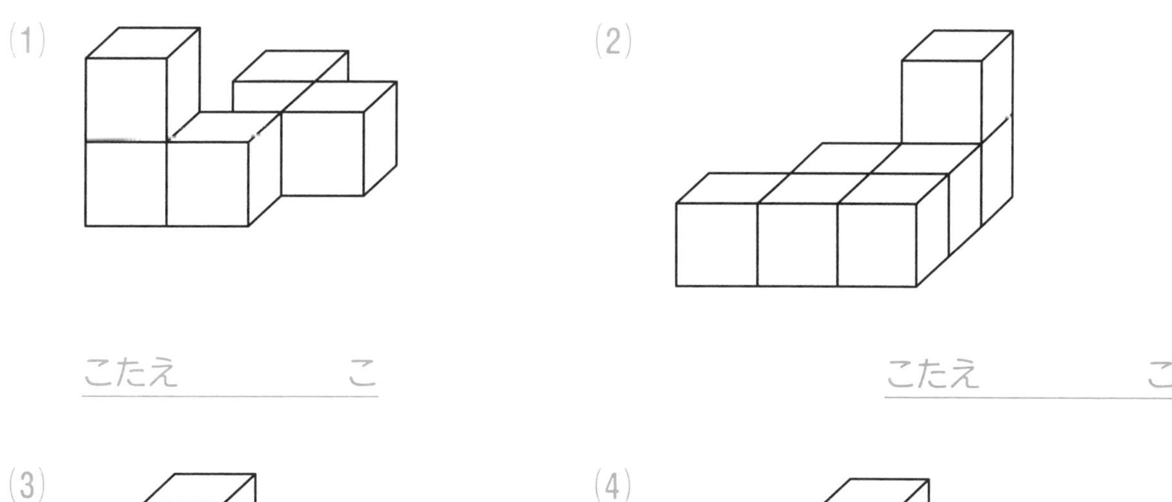

(1) こたえ こ

(2) こたえ こ

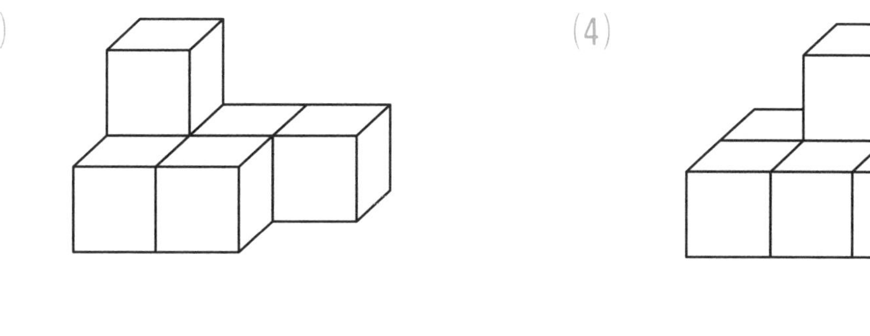

(3) こたえ こ

(4) こたえ こ

3 つみきを つんで (1)〜(5)を つくりました。それぞれ つみきを なんこ つかいましたか。

▶5もん×10点【50点】

(1)

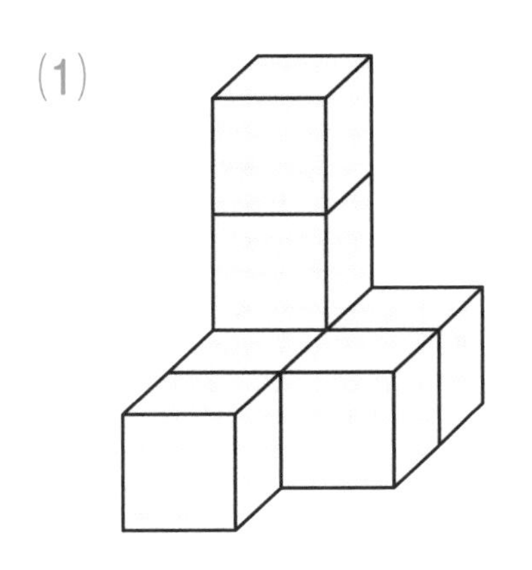

こたえ　　　　こ

(2)

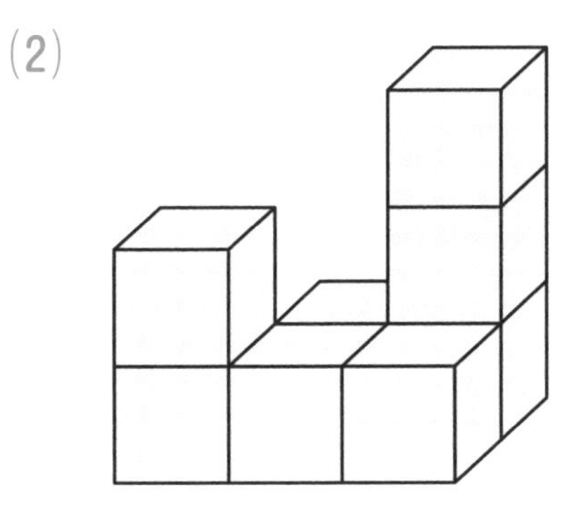

こたえ　　　　こ

(3)

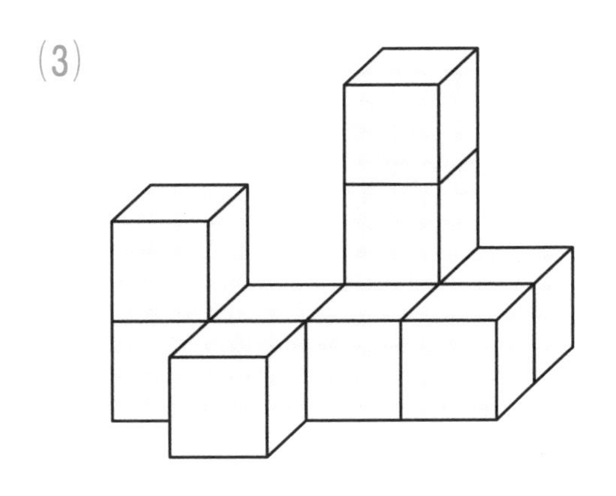

こたえ　　　　こ

(4)

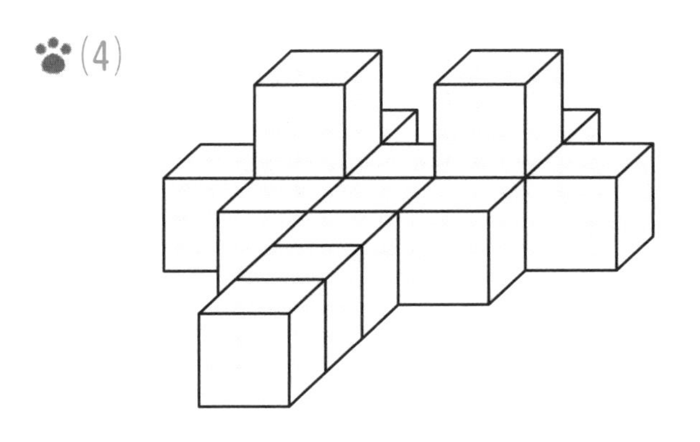

こたえ　　　　こ

(5)

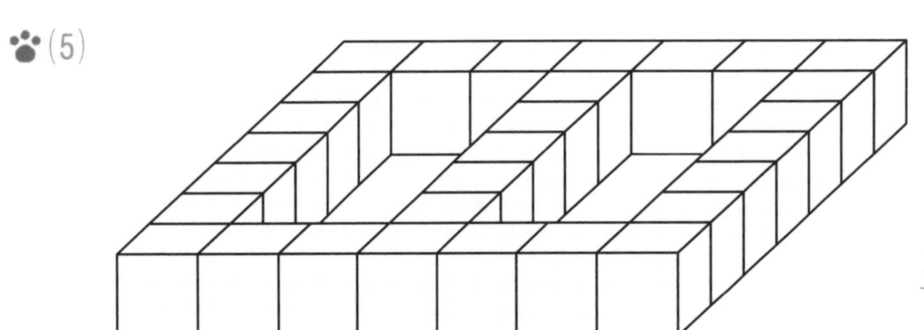

こたえ　　　　こ

こたえ☞116ページ

つみきの もんだいだよ。
見(み)えないところに ある つみきも わすれずに かぞえよう！

第40回

小学1年の図形と文章題

かくにんテスト（第36～39回）

月　日（　時　分～　時　分）

なまえ

点 / 100点

1 ぼうを くみあわせて (1)～(3)を つくりました。それぞれ ぼうを なん本(ほん) つかいましたか。

▶ 3もん×10点【30点】

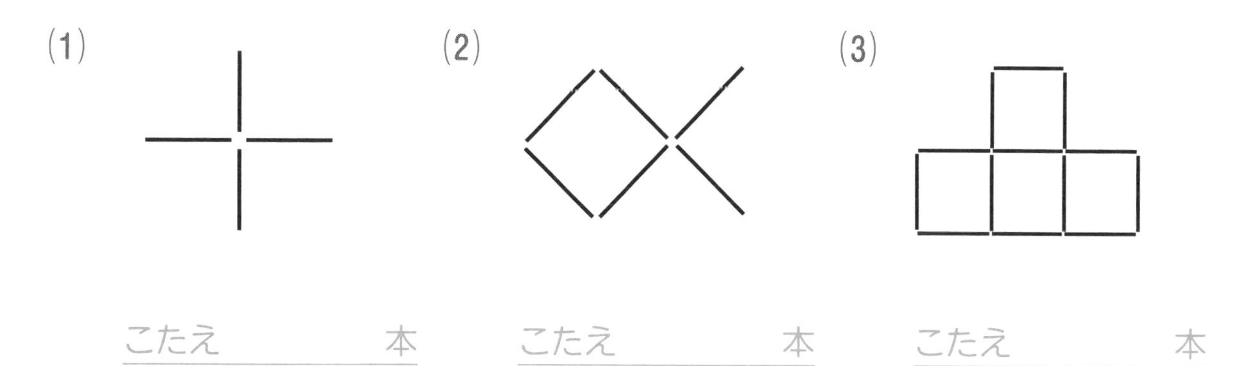

(1) こたえ　　本

(2) こたえ　　本

(3) こたえ　　本

2 あと いに 入(はい)る 水(みず)の かさを，コップを つかって しらべました。あと いでは，どちらの ほうが コップ なんはい おおく 水が 入りますか。

▶ 2もん×10点【20点】

(1) しき

こたえ　　がコップ　　はい おおい

(2) しき

こたえ　　がコップ　　はい おおい

3 (1)や (2)の つみきの そこを なぞった とき，できる かたちは どれですか。それぞれ ㋐～㋓ から えらんで こたえましょう。 ▶2もん×10点【20点】

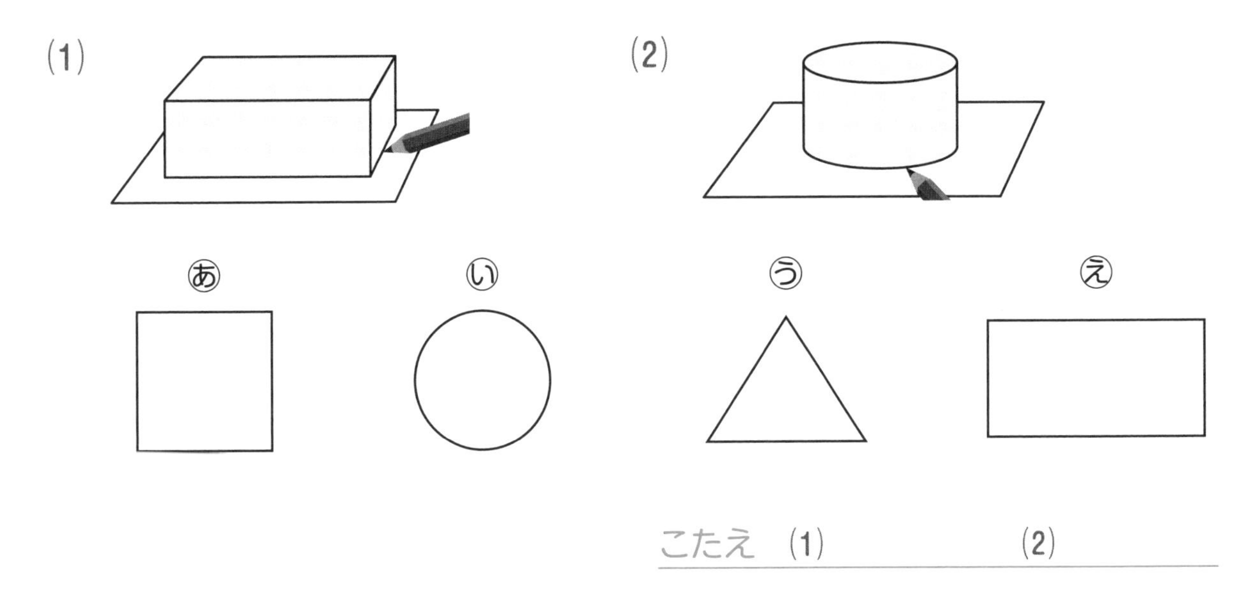

こたえ (1)　　　　(2)

4 つみきを くみあわせて，下(した)の (1)～(3)を つくりました。それぞれ つみきを なんこ つかいましたか。 ▶3もん×10点【30点】

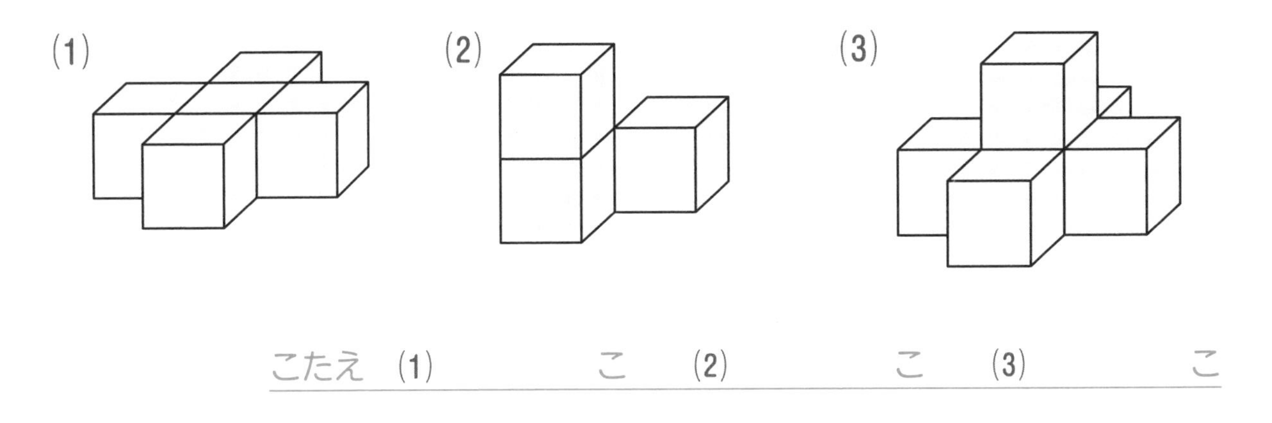

こたえ (1)　　　　こ　(2)　　　　こ　(3)　　　　こ

ぼうならべ，かさ，ものの かたち，つみきの ふくしゅうだよ。
わからない ときは みのまわりの ものを つかって かんがえて みよう。

「ひっさん」の やりかた

（おうちの ひとと いっしょに よんでね）

➡ここから よんでね

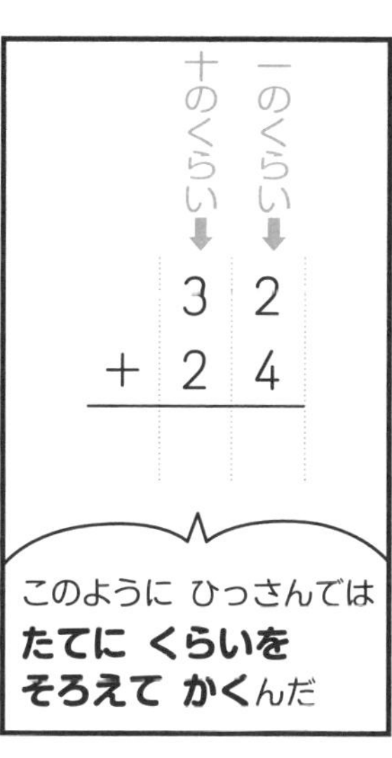

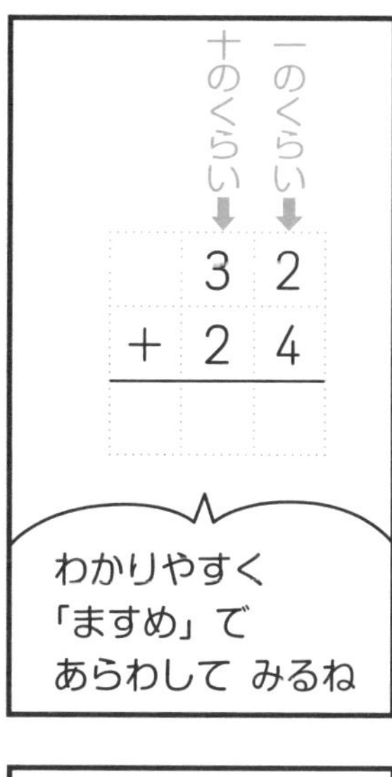

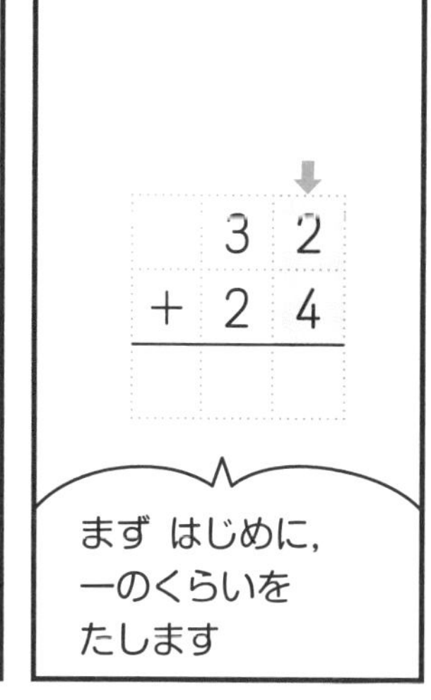

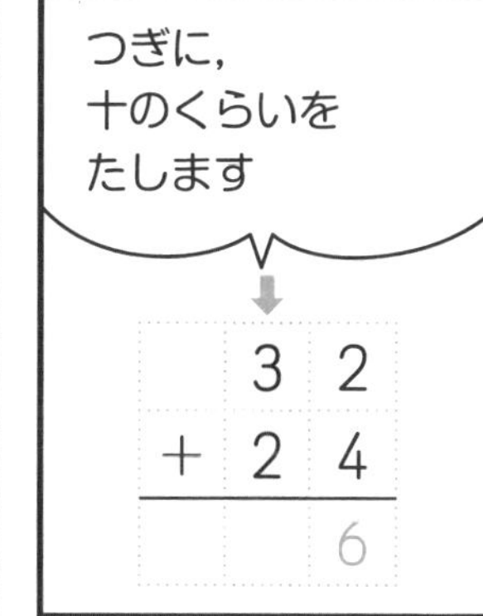

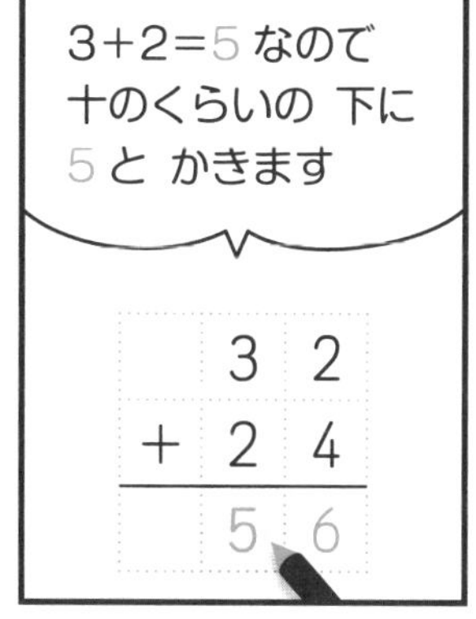

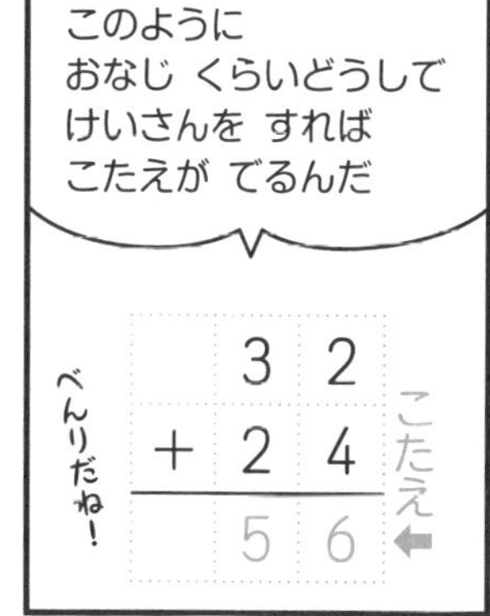

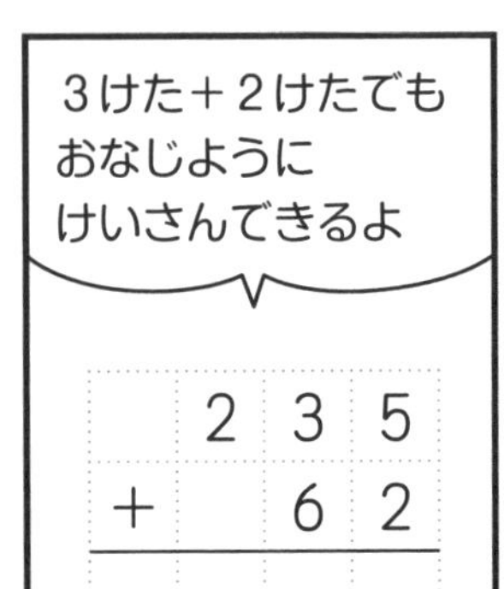

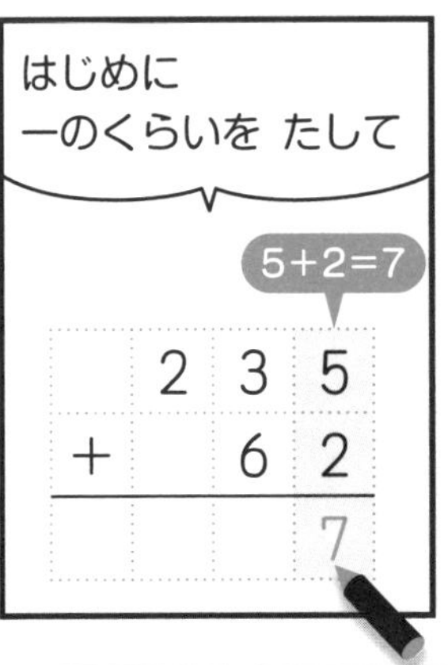

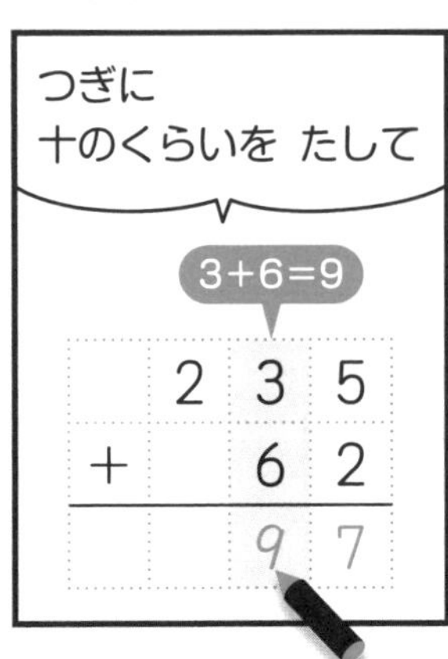

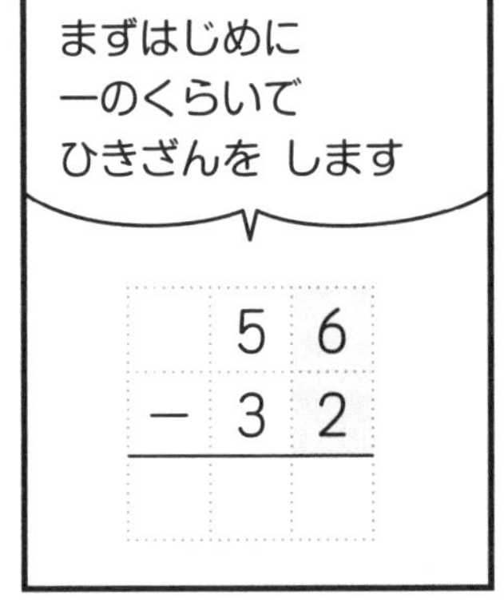

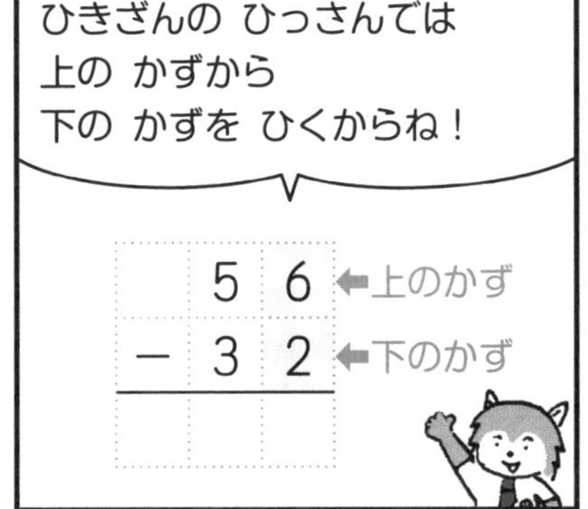

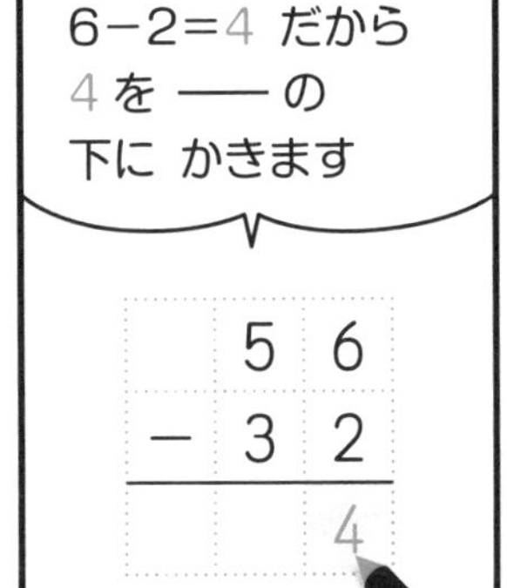

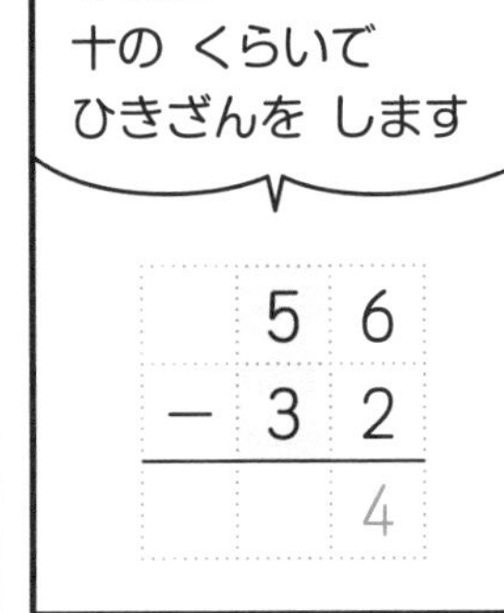

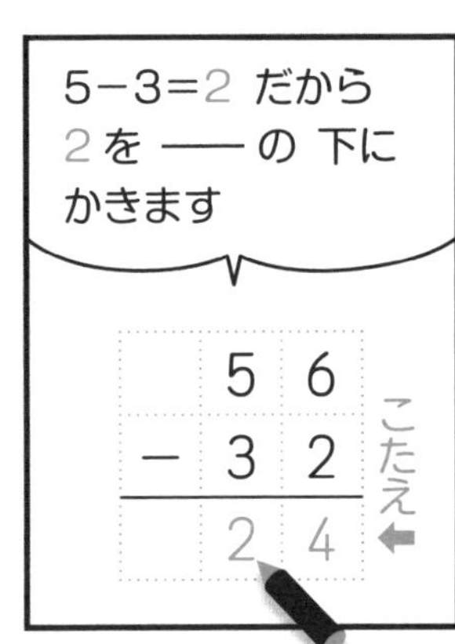

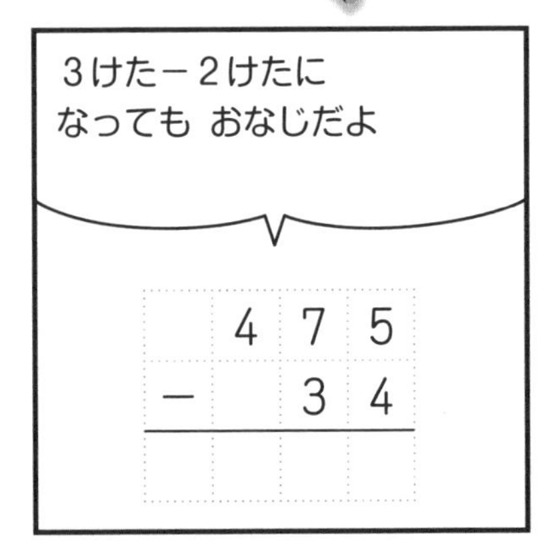

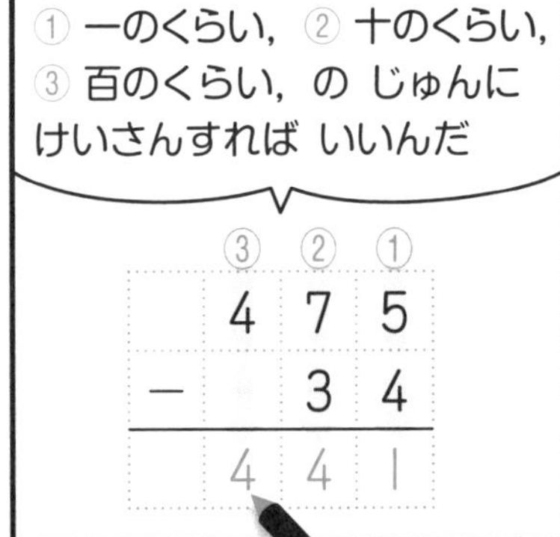

2年生で ならう「ひっさん」の やりかたを 先どりしたよ。むずかしかったら おうちの 人に きいて，わかるように なってから つぎに すすもうね。

たしざんのひっさん

月　日（　時　分～　時　分）

なまえ

点 / 100点

1 つぎの けいさんを ひっさんで しましょう。

▶ 4もん×5点【20点】

(1)

	4	2
＋		5

(2)

	１	3
＋	2	１

(3)

	4	6
＋	5	2

(4)

	4	4
＋	4	4

2 つぎの もんだいに こたえましょう。けいさんする ときは ひっさんを つかいましょう。

▶ 3もん×10点【30点】

(1) なぎくんは シールを 23まい もって います。おみせで シールを 5まい かいました。なぎくんが もって いる シールは ぜんぶで なんまいに なりましたか。

＋

しき＿＿＿＿＿＿　こたえ＿＿＿＿まい

(2) １年生（ねんせい）が １6人（にん）と ２年生が 2１人 います。あわせて なん人 いますか。

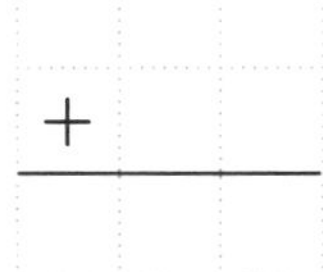

しき＿＿＿＿＿＿　こたえ＿＿＿＿人

(3) みくさんは 40円（えん）の クッキーと 20円の ビスケットを かいました。あわせて なん円に なりますか。

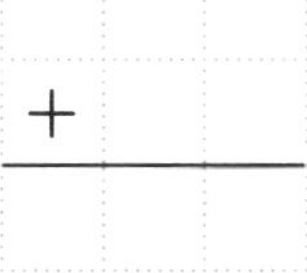

しき＿＿＿＿＿＿　こたえ＿＿＿＿円

3 みゆう先生は，りんごを 12こ，みかんを 43こ，ももを 21こ かって，学校に もって いきました。

▶(1)・(2)は15点＋(3)は20点【50点】

(1) りんごと　みかんは　あわせて　なんこ　ありますか。

＋

しき

こたえ　　　　　こ

(2) りんごと　みかんと　ももは　あわせて　なんこ　ありますか。

＋

しき

こたえ　　　　　こ

(3) りんごと　みかんと　ももの　うち，どれか　1つを　子どもたちに　くばって　いった　ところ，3人ぶん　たりませんでした。子どもは　ぜんぶで　なん人　いますか。

＋

しき

こたえ　　　　　人

こたえ☞117ページ

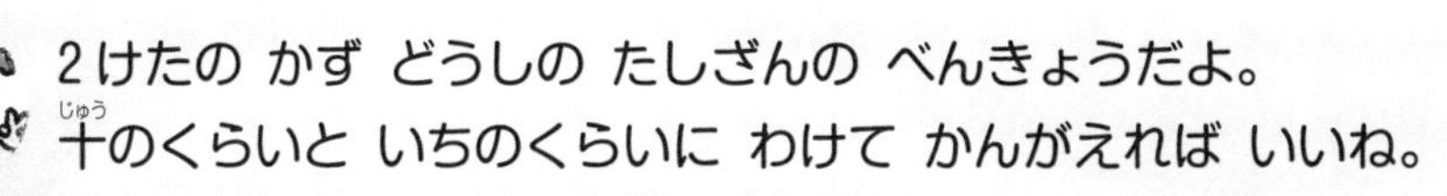

ひきざんのひっさん

月　日（時　分～　時　分）

なまえ

点 / 100点

1 つぎの けいさんを しましょう。 ▶4もん×5点【20点】

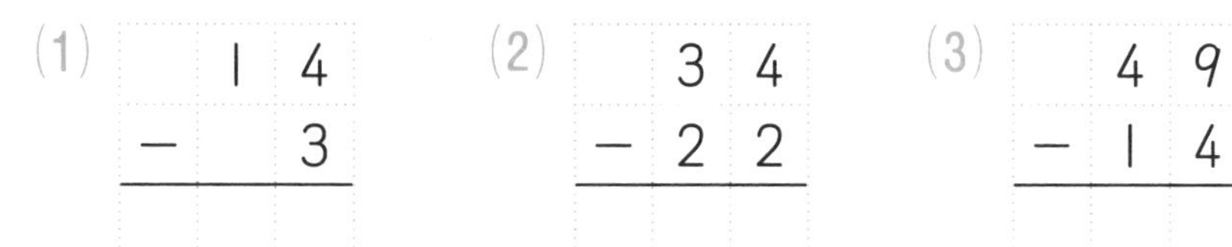

(1)
```
  14
-  3
----
```

(2)
```
  34
- 22
----
```

(3)
```
  49
- 14
----
```

(4)
```
  56
- 16
----
```

2 つぎの もんだいに こたえましょう。けいさんする ときは ひっさんを つかいましょう。 ▶2もん×10点【20点】

(1) はこの 中(なか)に あめが 84こ あります。41こ くばると，はこの 中の あめは のこり なんこに なりますか。

しき

こたえ　　　　こ

(2) としあきくんは えんぴつを 19本(ほん) もって います。まさやすくんに 5本 あげると，としあきくんの えんぴつは のこり なん本に なりますか。

しき

こたえ　　　　本

3 つぎの もんだいに こたえましょう。

▶ 2もん×15点【30点】

(1) あかりさんと　ひなさんは　おちばを　あわせて　67まい　ひろいました。あかりさんが　ひろった　まいすうは　35まい　でした。ひなさんは　なんまい　ひろいましたか。

−

しき ______________________　　こたえ ________ まい

(2) ちゅうしゃじょうに　赤い　車と　白い　車が　あわせて　99だい　とまって　います。白い　車は　47だい　とまって　います。赤い　車は　なんだい　とまって　いますか。

−

しき ______________________　　こたえ ________ だい

4 青い とりと きいろい とりが あわせて 78わ います。きいろい とりは 31わ います。

▶ 2もん×15点【30点】

(1) 青い　とりは　なんわ　いますか。

−

しき ______________________

こたえ ________ わ

(2) 青い　とりと　きいろい　とりは、どちらが　なんわ　おおいですか。

−

しき ______________________

こたえ ________ とりが ________ わ おおい

2けたの かず どうしの ひきざんの べんきょうだね。
ひきざんも 十のくらいと 一のくらいに わけて かんがえれば いいね。

ながさ

なまえ

点 / 100点

先取りポイント

ながさを はかる ときは，「ものさし」を つかいます。ながさは，１センチメートル（cm）が いくつぶん あるかで あらわします。１cm を ひとしく 10こに わけた １つぶんの ながさを １ミリメートル（mm）と いいます。

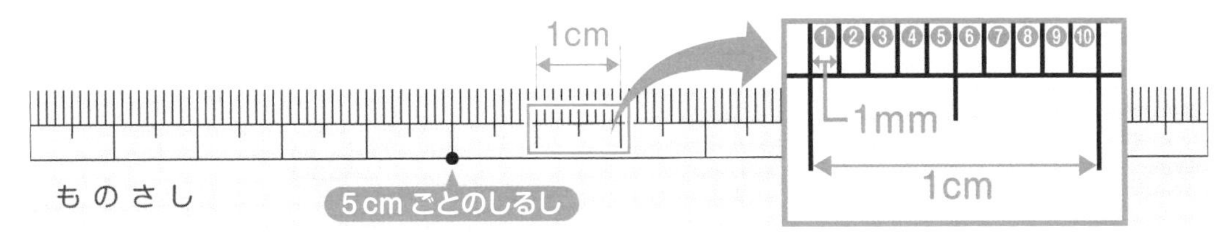

1 つぎの もんだいに こたえましょう。

▶ 4もん×10点【40点】

(1) 5cm の ところに ↓を かきましょう。

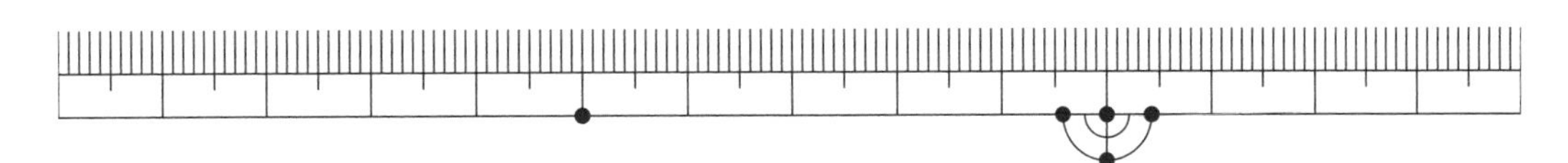

(2) 2cm7mm の ところに ↓を かきましょう。

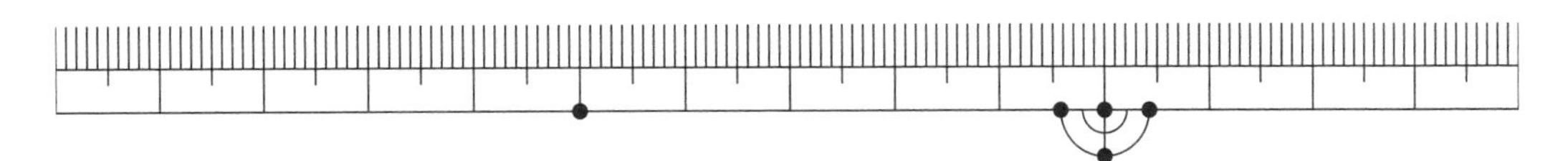

(3) 7cm4mm の ところに ↓を かきましょう。

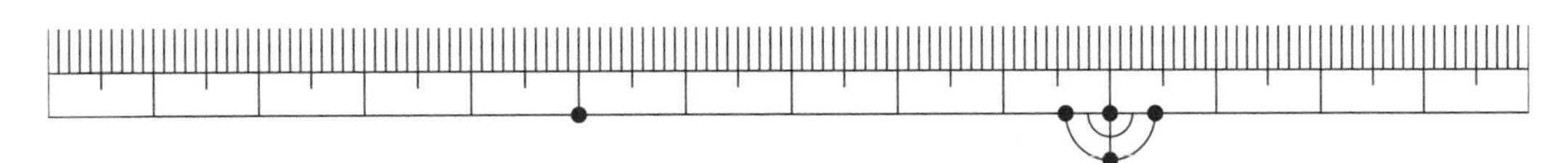

(4) 12cm2mm の ところに ↓を かきましょう。

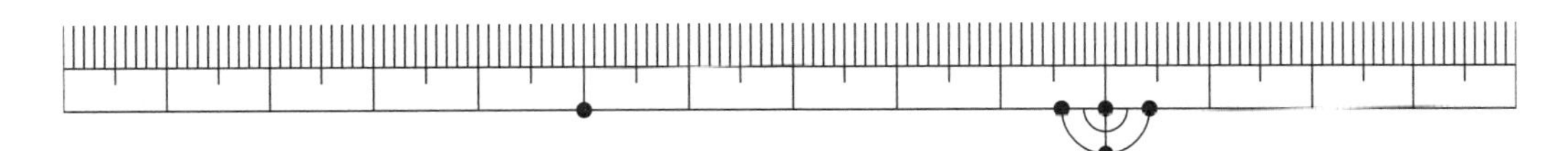

2 つぎの □ に 入る かずを こたえましょう。 ▶2もん×10点【20点】

(1) 7cm= □ mm　　(2) 105mm= □ cm □ mm

3 赤，青，きいろの 3本の りぼんが あります。赤の りぼんの ながさは 7cm，青の りぼんの ながさは 5cm，きいろの りぼんの ながさは 29mm です。

▶(1)・(2)は10点＋(3)は20点【40点】

(1) 赤と 青の りぼんの ながさの ごうけいは なん cm ですか。

しき ________________　こたえ ________ cm

(2) 赤，青，きいろの 3本の りぼんの ながさの ごうけいは なん cm なん mm ですか。

しき ________________　こたえ ____ cm ____ mm

(3) 赤，青，きいろの 3本の りぼんを，下の ずのように つないで 一本の りぼんに しました。

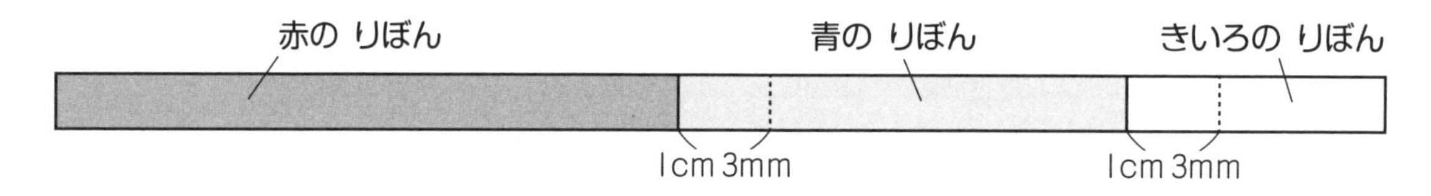

赤と 青の りぼんを 1cm3mm かさねて はりつけ，青と きいろの りぼんも 1cm3mm かさねて はりつけました。できた 一本の りぼんの ながさは なん cm なん mm ですか。

しき ________________　こたえ ____ cm ____ mm

まとめ

2年生で ならう ながさの べんきょうだよ。1cm=10mm を おぼえよう。

三角形と四角形

月　日（　時　分～　時　分）
なまえ
点
100点

先取りポイント

３本の　ちょくせんで　かこまれた　かたちを「さんかくけい」と　いい，４本の　ちょくせんで　かこまれた　かたちを「しかくけい」と　いいます。さんかくけいや　しかくけいの　ちょくせんの　ところを「へん」と　いいます。

１つの　かどが「ちょっかく」である　さんかくけいを「ちょっかく　さんかくけい」と　いいます。４つの　かどが「ちょっかく」である　しかくけいを「ちょうほうけい」と　いいます。

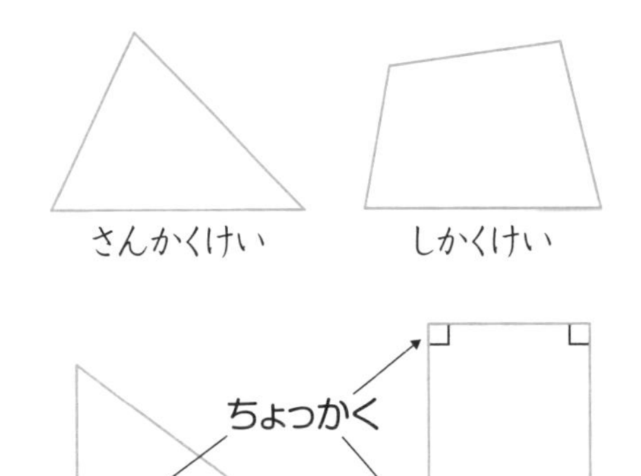

↑ ── の ぶぶんが「へん」

1 下の　ずに　ある　あ～かの　さんかくけいの　うち，「ちょっかくさんかくけい」を　すべて　えらびましょう。

▶１もん×25点【25点】

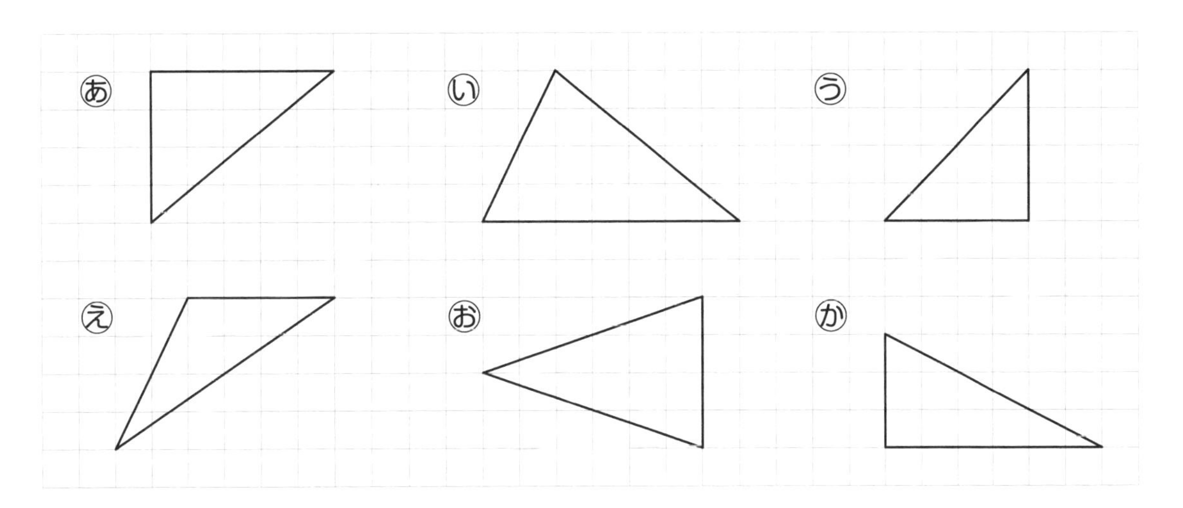

こたえ

2 4つの かどが すべて ちょっかくで，むかいあう へんの ながさが おなじである しかくけいを「ちょうほうけい」と いいます。4つの かどが すべて ちょっかくで，へんの ながさが すべて おなじである しかくけいを「せいほうけい」と いいます。 ▶2もん×15点【30点】

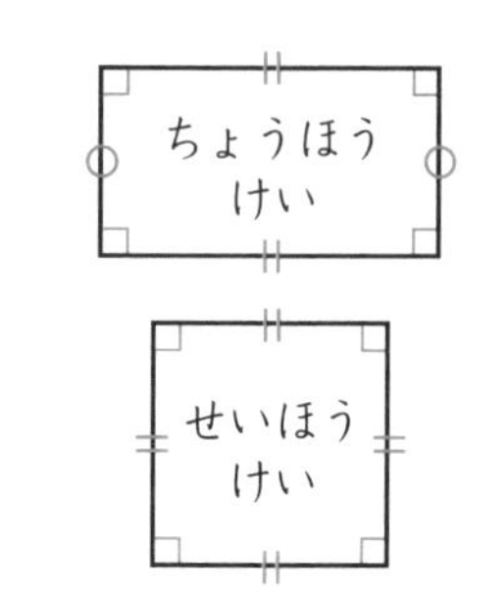

(1) ㋐〜㋕の うち，せいほうけいを 2つ えらびましょう。

こたえ ，

(2) ㋐〜㋕の うち，ちょうほうけいを 2つ えらびましょう。ただし，せいほうけいは ふくめません。

こたえ ，

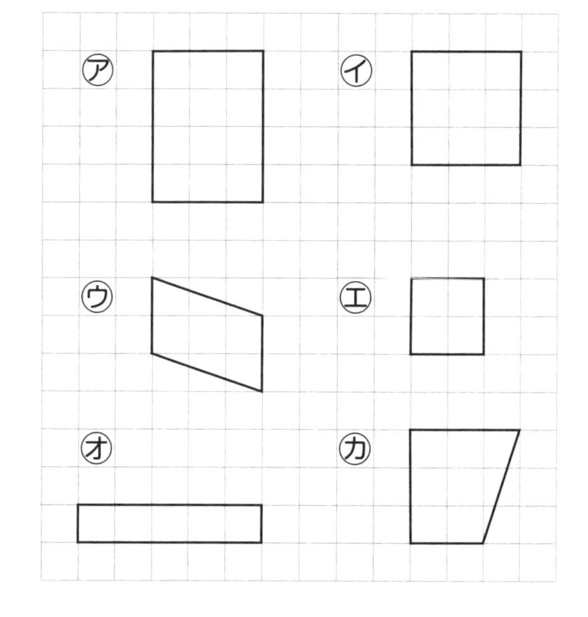

3 下(した)の ほうがんようしに，つぎの かたちを かきましょう。ただし，ほうがんようしの 1ますの ながさは 1cmと します。 ▶3もん×15点【45点】

(1) ちょっかくに なる たて4cm，よこ6cmの さんかくけい。

(2) へんの ながさが5cmの せいほうけい。

(3) たて3cm，よこ8cmの ちょうほうけい。

(1) 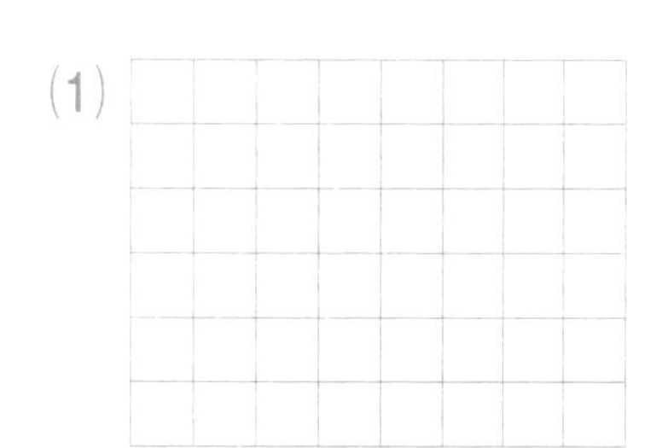 (2)  (3) 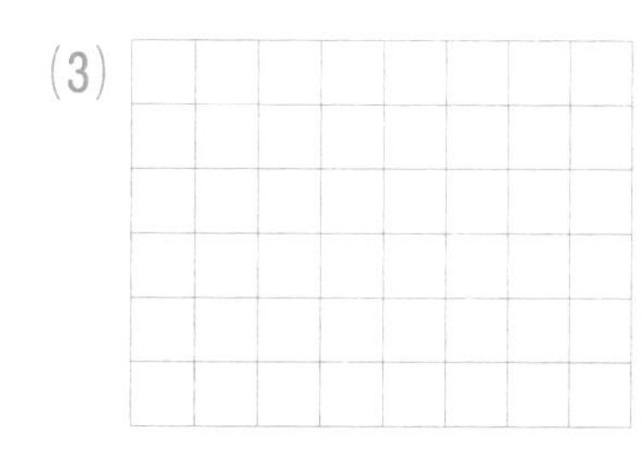

 こたえ☞118ページ

まとめ いろいろな さんかくけいや しかくけいを べんきょう したよ。
△や □は とくちょうに よって なまえが かわるから，おぼえて おいてね。

かくにんテスト（第41～44回）

月　日（　時　分～　時　分）

なまえ

点 / 100点

1 つぎの もんだいに こたえましょう。 ▶3もん×10点【30点】

(1) だいきくんは あめを 45こ もって います。あめを 4こ もらうと，あめは ぜんぶで なんこに なりますか。

しき　　　　こたえ　　　こ

(2) じゃがいもは 1こ 24円(えん)，たまねぎは 1こ 33円です。じゃがいもと たまねぎを 1こずつ かうと，なん円に なりますか。

しき　　　　こたえ　　　円

(3) チョコレート(ちょこれえと)が 50こ，ガム(がむ)が 20こ あります。チョコレートと ガムは あわせて なんこ ありますか。

しき　　　　こたえ　　　こ

2 つぎの もんだいに こたえましょう。 ▶2もん×10点【20点】

(1) はこの 中(なか)に ボール(ぼおる)が 75こ あります。32こ とり出すと，のこりは なんこに なりますか。

しき　　　　こたえ　　　こ

(2) しほさんは 50円玉(だま)を 1まい もって，だがしやさんで 20円の おかしを 1つ かいました。おつりは なん円ですか。

しき　　　　こたえ　　　円

3 つぎの □ に 入(はい)る かずを こたえましょう。　▶2もん×10点【20点】

(1) 8cm=□mm

(2) 96mm=□cm□mm

4 下(した)の あ～しの ずを 見(み)て，つぎの もんだいに こたえましょう。

▶2もん×15点【30点】

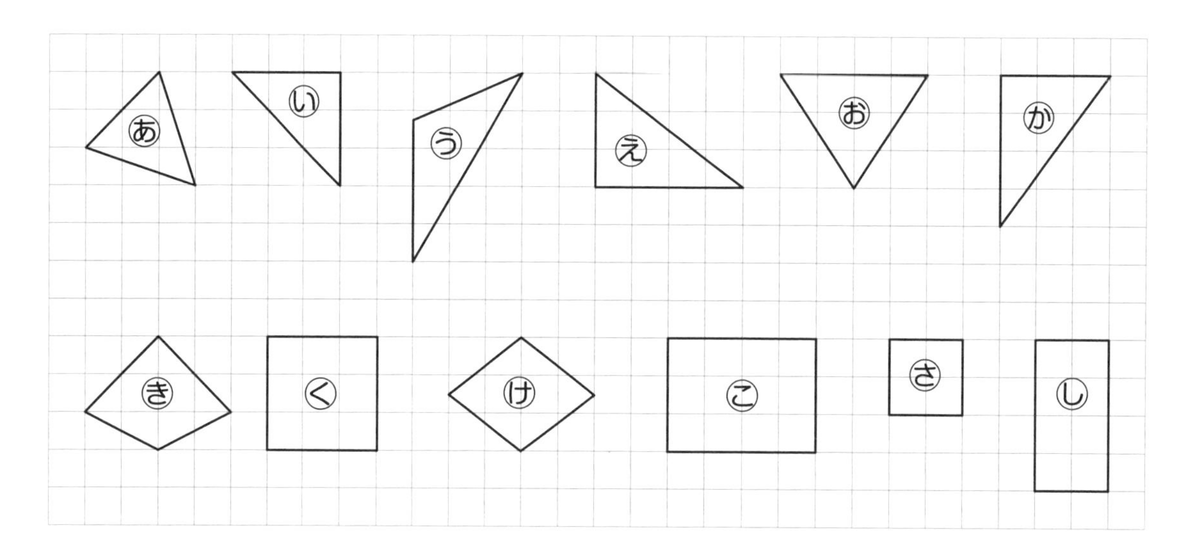

(1) 「ちょっかくさんかくけい」を すべて えらびましょう。

こたえ ＿＿＿＿＿＿＿＿

(2) 「せいほうけい」を すべて えらびましょう。

こたえ ＿＿＿＿＿＿＿＿

2けたのたしざん・ひきざん，ながさ，さんかくけいと しかくけいを ふくしゅうしたね。2年生(ねんせい)では いろいろな かずの たしざんや ひきざんが 出て くるよ。

1年生のまとめ(1)

月　日(　時　分～　時　分)

なまえ

点 / 100点

1 つぎの もんだいに こたえましょう。 ▶2もん×10点【20点】

(1) しゅんくんは 赤い バラを 4本 もって います。きいろい バラを 3本 もらうと，あわせて なん本に なりますか。

しき　　　　こたえ　　　本

(2) みかんが 5こ あります。2こ たべると，のこりは なんこに なりますか。

しき　　　　こたえ　　　こ

2 つぎの もんだいに こたえましょう。 ▶3もん×10点【30点】

(1) レストランに おとなが 13人と，子どもが 4人 います。あわせて なん人 いますか。

しき　　　　こたえ　　　人

(2) こうえんに 子どもが 15人 います。3人 ふえると，なん人に なりますか。

しき　　　　こたえ　　　人

(3) くじが 18本 あります。6本 ひくと，のこりは なん本に なりますか。

しき　　　　こたえ　　　本

3 つぎの もんだいに こたえましょう。

▶2もん×10点【20点】

(1) かごに りんごが 5こ 入(はい)って います。3こ 入(い)れると，ぜんぶで なんこに なりますか。

しき ＿＿＿＿＿＿＿＿ こたえ ＿＿＿ こ

(2) 右(みぎ)のように あめと ガム(がむ)が あります。ガムは あめよりも なんこ おおいですか。

しき ＿＿＿＿＿＿＿＿

こたえ ＿＿＿ こ おおい

4 あめが 12こ ありました。おかあさんが さらに 5こ かって きた あと，あきさんが 3こ たべました。

▶2もん×15点【30点】

(1) あきさんが たべる まえ，あめは なんこ ありましたか。

しき ＿＿＿＿＿＿＿＿

こたえ ＿＿＿ こ

(2) あきさんが たべた あと，あめは なんこに なりましたか。

しき ＿＿＿＿＿＿＿＿ こたえ ＿＿＿ こ

こたえ☞119ページ

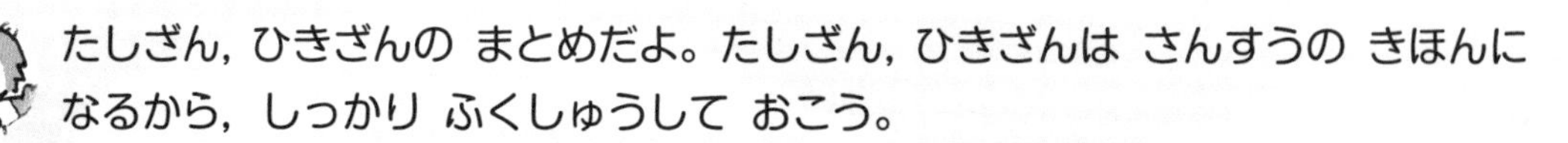

たしざん，ひきざんの まとめだよ。たしざん，ひきざんは さんすうの きほんに なるから，しっかり ふくしゅうして おこう。

1年生のまとめ(2)

月　日(　時　分～　時　分)
なまえ
点
100点

1 つぎの もんだいに こたえましょう。　▶4もん×10点【40点】

(1) 8人から 4人 ふえると，ぜんぶで なん人に なりますか。

しき　　こたえ　人

(2) りくくんは タオルを 5まい，つむぎさんは タオルを 9まい もって います。タオルは あわせて なんまい ありますか。

しき　　こたえ　まい

(3) あめが18こ あります。9こ たべると，のこりは なんこですか。

しき　　こたえ　こ

(4) 13まいの カードから 6まい とると，のこりは なんまいですか。

しき　　こたえ　まい

2 つぎの もんだいに こたえましょう。　▶2もん×10点【20点】

(1) めだかが すいそうに 30ぴき います。川から 7ひき つかまえて すいそうに 入れました。めだかは なんひきに なりましたか。

しき　　こたえ　ひき

(2) おみせに みかんが 73こ あります。きょうは 3こ うれました。みかんは なんこ のこって いますか。

しき　　こたえ　こ

3 右の えを 見て，つぎの もんだいに こたえましょう。

▶ 2もん×10点【20点】

(1) 上から 4ばんめには なにが いますか。

こたえ ＿＿＿＿＿＿＿＿

(2) かにの 3つ 上には なにが いますか。

こたえ ＿＿＿＿＿＿＿＿

4 チョコレートが 4こ あります。さとみさんは 1こ たべました。そのあと，おかあさんが さらに 6こ かって きました。

▶ 2もん×10点【20点】

(1) いま，チョコレートは なんこ ありますか。

しき ＿＿＿＿＿＿＿＿　　こたえ ＿＿＿＿ こ

(2) つぎの日，おとうさんが チョコレートを 7こ かって きました。さとみさんは すぐに 6こ たべました。チョコレートは なんこに なりましたか。

しき ＿＿＿＿＿＿＿＿　　こたえ ＿＿＿＿ こ

こたえ ☞ 119ページ

こたえが 十いくつに なる たしざん，2けた－1けた＝1けたの ひきざん，なんばんめ，3つの かずの たしざん，ひきざんの ふくしゅうだよ。

１年生のまとめ (3)

月　日（　時　分～　時　分）

なまえ

点 / 100点

1 つぎの もんだいに こたえましょう。ただし，ますめの たてと よこの ながさは おなじです。

▶(1)・(2)は15点＋(3)は20点【50点】

(1) 右の えで，いろを ぬった ところが ひろい じゅんに，あ，い，うを ならべましょう。

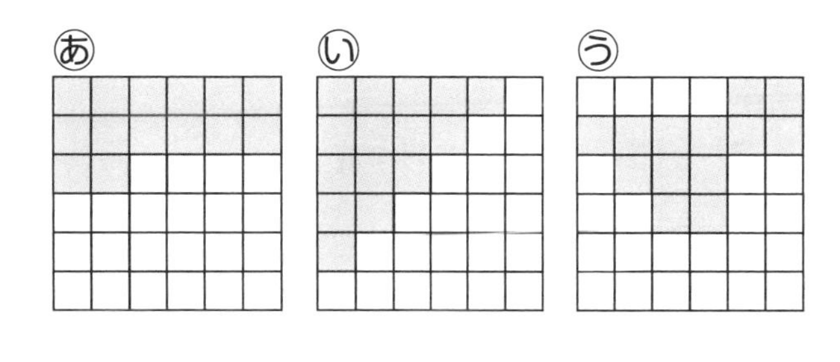

こたえ　　→　　→

(2) 右の えで，ひろい じゅんに，ア，イ，ウ，エを ならべましょう。

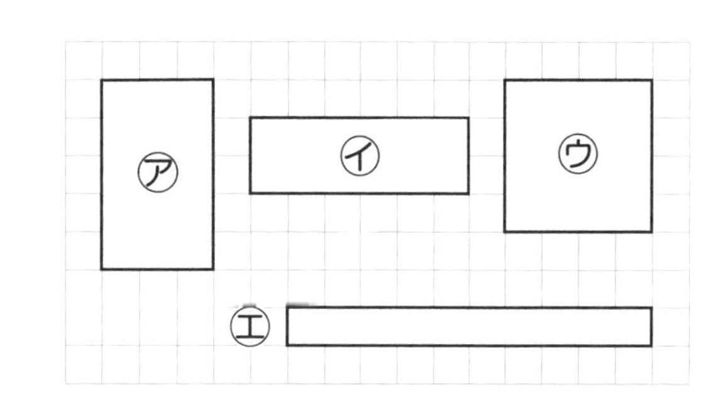

こたえ　　→　　→　　→

(3) アを ならべて，いろいろな かたちを つくりました。①～④は，それぞれ アを なんまい つかって いますか。

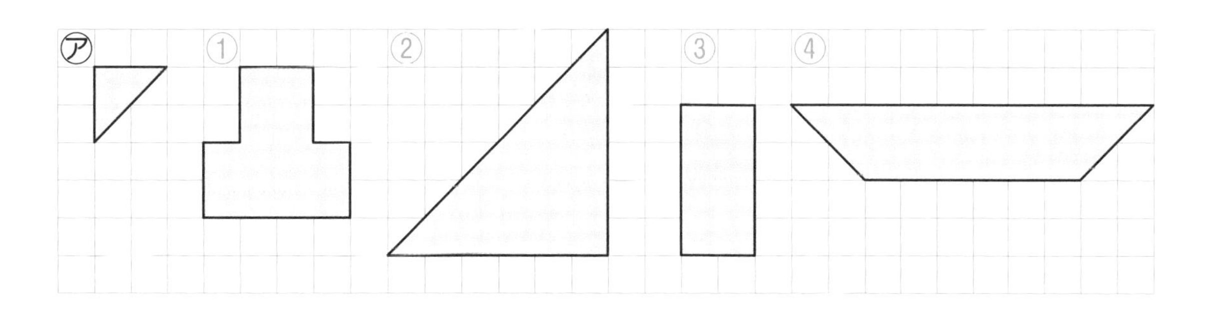

こたえ ①…　　まい　②…　　まい　③…　　まい　④…　　まい

2 右の えを 見(み)て，つぎの もんだいに こたえましょう。 ▶2もん×10点【20点】

(1) ①と ②の うち，ながい ほうの きごうに ○を つけましょう。

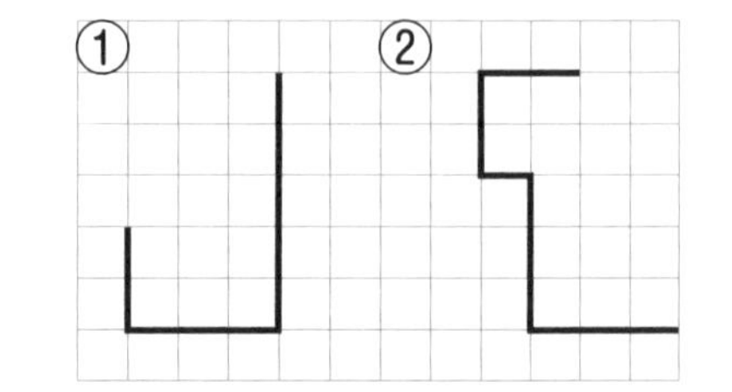

こたえ（ ① ② ）

(2) ①と ②の うち，みじかい ほうの きごうに ○を つけましょう。

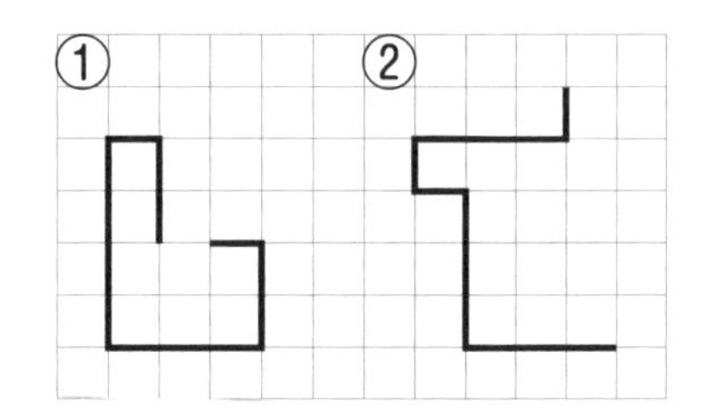

こたえ（ ① ② ）

3 右の えを 見て，つぎの もんだいに こたえましょう。 ▶2もん×15点【30点】

(1) ㋐，㋑，㋒は おなじ ようきです。水(みず)が おおく 入(はい)って いる じゅんに，㋐，㋑，㋒を ならべましょう。

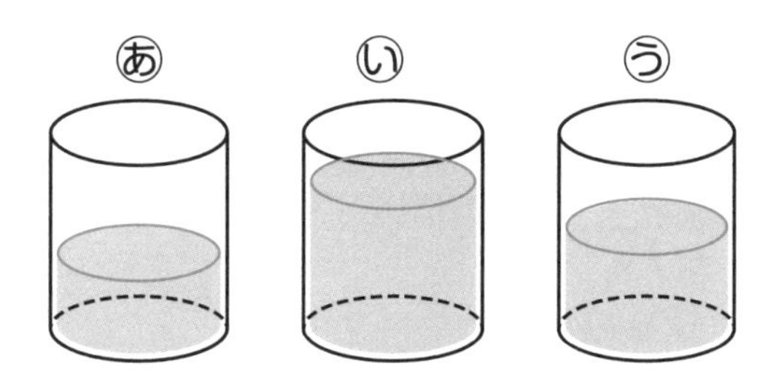

こたえ → →

(2) ようきに 入る 水の かさを，コップを つかって くらべました。㋐は ㋑よりも コップで なんばいぶん 水が おおく 入りますか。

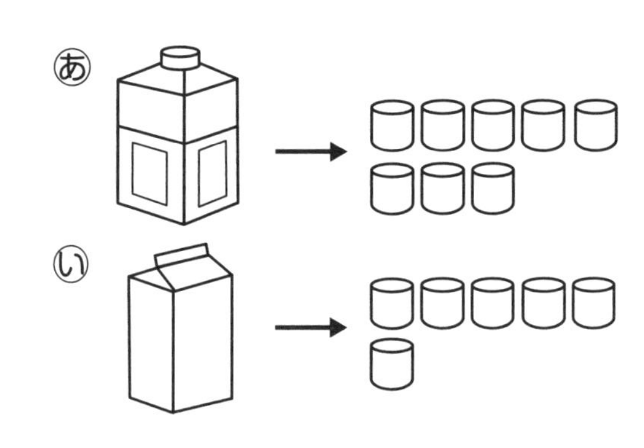

しき

こたえ はい

こたえ☞119ページ

まとめ

ずけいの ふくしゅうだよ。
ひろさくらべ，ながさくらべ，かさを べんきょう したね。

チャレンジもんだい (1)

月　日（　時　分～　時　分）

なまえ

点 / 100点

1 つぎの もんだいに こたえましょう。　▶3もん×10点【30点】

(1) □に あてはまる かずを こたえましょう。

1＋2＋3＋4＋5＋6＋7＋8＋9＋10＝□

(2) そらくんの まえには 16人，うしろには 5人 ならんで います。ぜんぶで なん人 ならんで いますか。

しき　　　　こたえ　　　人

(3) つくえに おりがみが 19まい あります。ひまりさんが 4まい，ひなたくんが 3まい，さおりさんが 5まい とりました。先生が つくえに なんまいか おりがみを たすと，おりがみは 31まいに なりました。先生が つくえに たした おりがみは なんまいですか。

しき　　　　こたえ　　　まい

2 赤，青，白の 3しゅるいの ボールが はこに 入って います。赤は 青より 2こ おおく，青は 白より 3こ おおいです。　▶2もん×10点【20点】

(1) 赤ボールは 白ボールより なんこ おおいですか。

しき　　　　こたえ　　　こ おおい

(2) この はこに くろボールを 白ボールと おなじ かず 入れた ところ，白と くろの ボールの ごうけいは，赤ボールの かずと おなじに なりました。はこの 中には，ぜんぶで なんこの ボールが 入って いますか。

こたえ　　　こ

3 かべに えが 24まい かざられて います。たとえば，上から 3ばんめの 左から 4ばんめには ぺんぎんの えが かかれて います。ただし，？に かかれて いる えは わかりません。 ▶2もん×10点【20点】

(1) ぺんぎんの えの 2つ 上には なんの えが かかれて いますか。

こたえ＿＿＿＿＿＿＿＿

(2) いちごの えの 2つ 上の 4つ 左には りんごが かかれて います。りんごの 1つ 下の 1つ 右には なんの えが かかれて いますか。

こたえ＿＿＿＿＿＿＿＿

▶▶一歩先を行く問題

4 つぎのような ルールで 5かい じゃんけんを します。

【ルール】じゃんけんで かったら 15てん，あいこの ときは どちらも 3てんずつ もらえる。まけたら てんすうは もらえない。 ▶2もん×15点【30点】

(1) 5かいの じゃんけんで 出した 手は 右のように なりました。ゆきえさんの てんすうは なんてんですか。

しき＿＿＿＿＿＿＿＿　　こたえ＿＿＿＿てん

(2) ゆきえさんは 5かい じゃんけんを して，33てんに なりました。ゆきえさんの かち，まけ，あいこの かいすうは それぞれ なんかいですか。

こたえ　かち…＿＿かい，あいこ…＿＿かい，まけ…＿＿かい

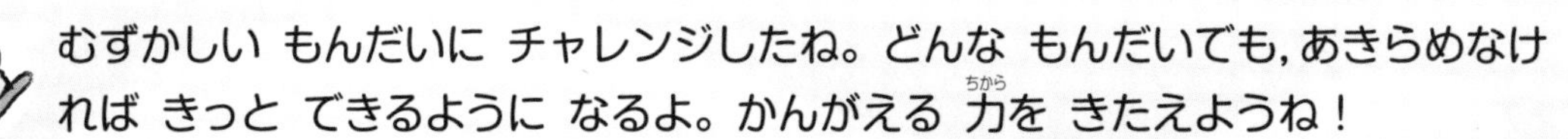

むずかしい もんだいに チャレンジしたね。どんな もんだいでも，あきらめなければ きっと できるように なるよ。かんがえる 力を きたえようね！

チャレンジもんだい (2)

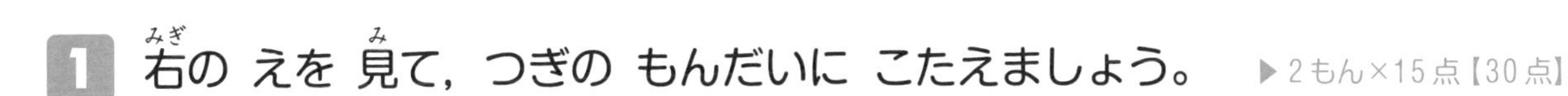

1 右の えを 見て，つぎの もんだいに こたえましょう。 ▶２もん×15点【30点】

(1) 右の ①，②，③を，ながい じゅんに ならべましょう。ただし，ますめの たてと よこの ながさは おなじです。

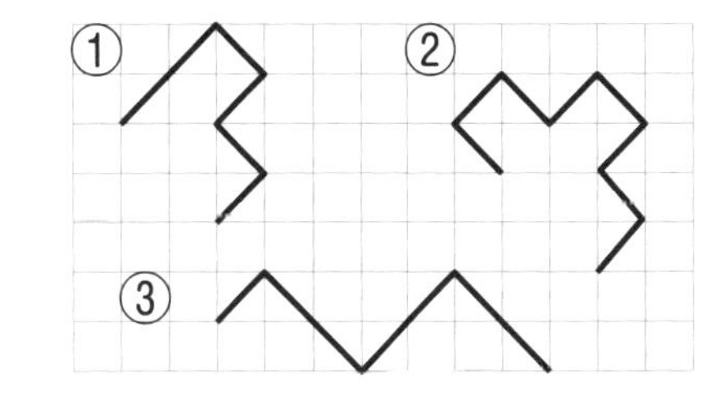

こたえ　　→　　→

(2) つみきを つんで 右の かたちを つくりました。つみきは なんこ つかいましたか。

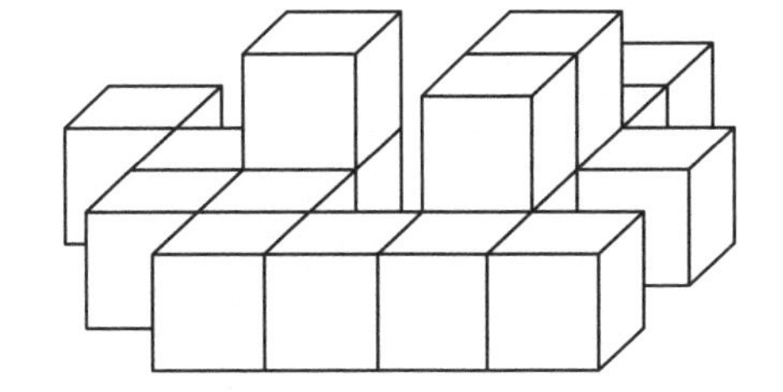

こたえ　　こ

2 下の ずでは，ますめの たてと よこの ながさは おなじです。ずを 見て，つぎの もんだいに こたえましょう。 ▶１もん×20点【20点】

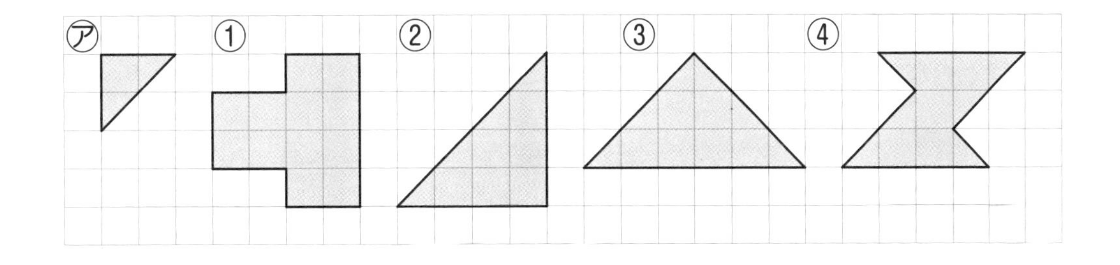

①～④の うち，㋐を ならべて できる かたちと できない かたちが あります。①～④の うち，㋐を ならべて つくる ことが できた かたちには，㋐を ならべた ときの せんを かきこみましょう。㋐を ならべて つくる ことが できない かたちには ×を かきこみましょう。

3 右の えは，3つの バケツに 入る 水の かさを，コップを つかって あらわした ものです。㊉と ㊌は，おなじ かたち，おなじ 大きさの すいそうです。 ▶2もん×15点【30点】

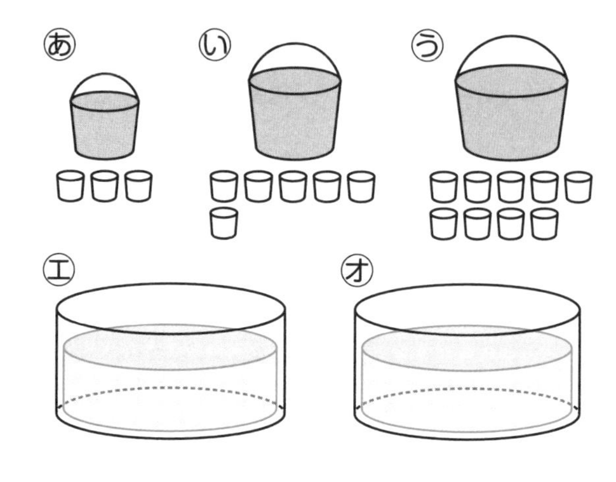

(1) すいそう㊉には，あで 2かい，いで 2かい，うで 1かい 水を 入れました。ぜんぶで，コップなんはいぶんの 水が 入りましたか。

しき　　　　　　　　　　こたえ　　　はい

(2) ㊌には コップで 30ぱいぶんの 水を 入れました。㊉と ㊌に 入っている 水の たかさは どちらの ほうが たかいですか。

こたえ（　㊉　　㊌　）

▶▶一歩先を行く問題

4 下の ずの ①〜⑧の うち，せいほうけいと ちょっかくさんかくけいを それぞれ すべて えらびましょう。ただし，ますめの たてと よこの ながさは おなじです。 ▶1もん×20点【20点】

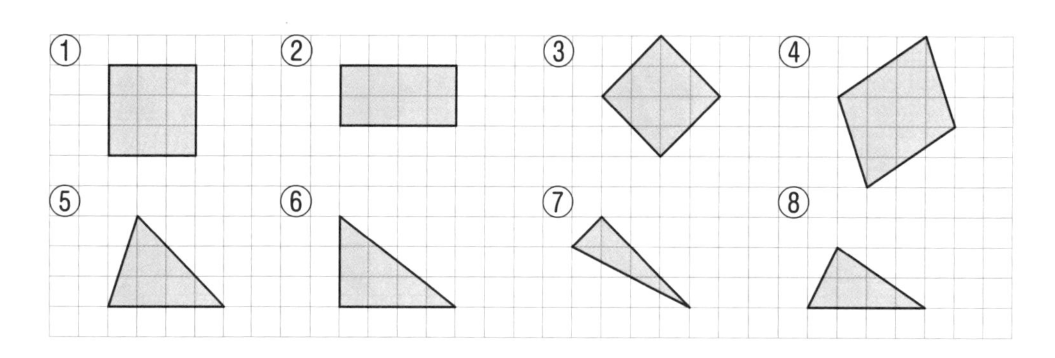

こたえ　せいほうけい…　　　　ちょっかくさんかくけい…

さあ，これで この ドリルは おわりだよ。さいごまで よく がんばったね！
2年生に なったら また あおうね！

こたえ

もんだいの こたえです。まちがえた もんだいは，かならず ほんぶんに もどって やりなおしましょう。

【保護者様へ】
学習指導のヒント・解説・注意点など

四谷大塚からの アドバイス

第1回 10までのかず

●もんだい 3 ページ

1 (1) 7ひき　(2) 5こ

2 (1) 2こ　(2) 3こ　(3) 2こ

3 (1) 6こ　(2) 10こ

4 (1) 4　(2) 4　(3) 6　(4) 7　(5) 2　(6) 3

▶ 10までの数を学習しました。合わせていくつになるかは、　　の中に絵をかいて考えるとよいでしょう。

2 (1) 5個になるまで★をかくと，隠れているのは2個だとわかります。
(2) 6個になるまで▲をかくと，隠れているのは3個だとわかります。
(3) 9個になるまで♡をかくと，隠れているのは2個だとわかります。

第2回 大きさくらべ

●もんだい 5 ページ

1 (1) ②　(2) ①　(3) ①　(4) ②

2 (1) 3，7　(2) 4，10　(3) 10，4

3 (1) 1→2→4→5→7→9
(2) いちばん 小さい かず…1　いちばん 大きい かず…9

4 (1) ●　(2) 3こ おおい

▶数の大小関係を捉えることは算数の学習において非常に重要です。まずは数の基本となる1から10までの数の大小関係について理解を深めましょう。

1 (1) ①は6個，②は4個，少ないのは②
(2) ①は3個，②は5個，少ないのは①
(3) ①は5台，②は7台，少ないのは①
(4) ①は8個，②は2個，少ないのは②

2 (3) 大きい順に並んだ数字が，3ずつ小さくなればよいことに気づきましょう。

第3回 たしざん (1)

●もんだい 7 ページ

1 (1) 4　(2) 8　(3) 7　(4) 8　(5) 6　(6) 9

2 (1) 7＋1＝8こ　(2) 3＋3＝6人

3 (1) 2＋3＝5本　(2) 5＋4＝9人

4 (1) 2＋1＝3こ　(2) 3＋4＝7こ

▶たし算の学習です。合わせていくつかを求めるときはたし算をします。どのようなときにたし算を使うのか，1つ1つ学習していきましょう。

第4回 たしざん (2)

●もんだい 9 ページ

1 (1) 4　(2) 9　(3) 8　(4) 7　(5) 8　(6) 9

2 (1) 4＋2＝6こ　(2) 3＋2＝5本

3 (1) 4＋4＝8人　(2) 6＋3＝9ひき

4 (1) 2＋1＝3こ　(2) 3＋4＝7こ

▶「増えるといくつになるかを求めるときもたし算を使う」ことを学習しました。たし算の意味を絵を使ってきちんと理解すると，文章を読んだときにたし算の式を立てられるようになります。

第5回 かくにんテスト（第1～4回）

●もんだい 11 ページ

1 (1) 4だい　(2) 9わ　(3) 6さつ

2 (1) 10→8→7→6→5→3→2

(2) いちばん 小さい かず…2

いちばん 大きい かず…10

3 (1) 3＋4＝7人　(2) 7＋2＝9本

(3) 2＋3＝5こ

4 (1) 4＋2＝6とう　(2) 5＋3＝8こ

▶ 1から10までの数とたし算の勉強をしました。今のうちから，式を書く癖をつけておきましょう。

第6回 ひきざん (1)

●もんだい 13 ページ

1 (1) 2　(2) 3　(3) 1　(4) 5　(5) 3　(6) 0

2 (1) 4－2＝2こ　(2) 5－4＝1こ

3 (1) 9－2＝7本　(2) 8－4＝4人

4 (1) 8－2＝6こ

(2) 6－1＝5　5－3＝2こ

▶ひき算の学習です。残りがいくつかを求めるときはひき算をします。たし算と同様に，どのようなときにひき算を使うのか，1つ1つ学習を深めていきましょう。

4(2) お父さんが食べた後の残りの数…6
お母さんが食べた後の数…6－1＝5
ゆきさんが食べた後の数…5－3＝2

第7回 ひきざん (2)

●もんだい 15 ページ

1 (1) 7－2＝5　5ひき おおい

(2) 6－4＝2　2こ おおい

2 (1) 7－4＝3　3こ おおい

(2) 9－3＝6　6つ おおい

3 (1) 8－4＝4こ

4 (1) 7－3＝4ひき

(2) 7－5＝2ひき

(3) 1ひき

▶ちがい（差）がいくつになるかを求める時もひき算を使います。文章題を解くときはきちんと文章を読んで，どの計算を使えばよいかよく考えましょう。

4(3) 3＋5＝8…白と黒の合計の魚の数
8－7＝1…合計と青の魚の差の数

第8回 ひきざん (3)

●もんだい 17 ページ

1 (1) 4 (2) 2 (3) 3 (4) 6

2 (1) 5 − 3 = 2　バイクが 2 だい おおい

(2) 7 − 2 = 5　みかんが 5 こ おおい

3 (1) 9 − 8 = 1　ライオンが 1 とう おおい

(2) 8 − 6 = 2　りんごが 2 こ おおい

4 (1) 7 − 2 = 5　青いペンが 5 本 おおい

(2) 9 − 5 = 4　ペンが 4 本 おおい

▶どちらがいくつ大きいかを求める問題です。まずは数の大小を考えます。ちがい（差）を求めるときは，大きい数から小さい数をひきましょう。

4(2) 2 + 7 = 9 …ペンの数
4 + 1 = 5 …えんぴつの数
大きい数（ペンの数）から小さい数（えんぴつの数）をひけばよいので，
9 − 5 = 4

第9回 20 までのかず

●もんだい 19 ページ

1 (1) 12 (2) 16 (3) 18 (4) 10 (5) 20 (6) 17

2 (1) 15　(2) 19　(3) 20

3 (1) 6 → 11 → 15 → 17 → 19

(2) 4 → 7 → 13 → 15 → 18

4 (1) 9 + 8 = 17　(2) 13

▶20 までの数を学習しました。まずは数直線を使って，大小関係をしっかり掴みましょう。

2(1) 18 − 3 = 15　(2) 11 + 8 = 19
(3) 13 + 7 = 20

4(2) つとむくんとけいこさんの差は 8 なので，その半分の 4 がめいさんとの差になります。

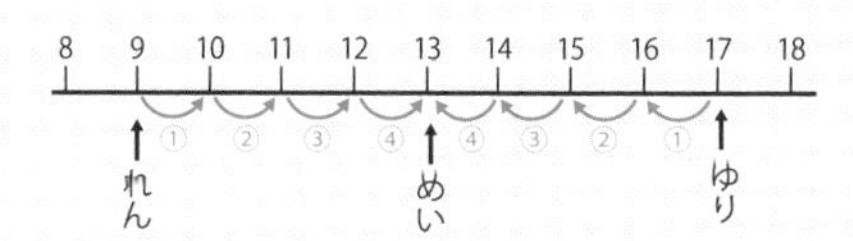

第10回 かくにんテスト（第 6 ～ 9 回）

●もんだい 21 ページ

1 (1) 18 (2) 10 (3) 9 (4) 17

2 (1) 8 − 3 = 5 まい　(2) 7 − 4 = 3 人

3 (1) 9 − 7 = 2　2 だい おおい

(2) 8 − 4 = 4　4 人 おおい

4 (1) 5 − 1 = 4　プリンが 4 こ おおい

(2) 6 − 4 = 2　たかが 2 わ おおい

▶ひき算と 20 までの数の復習です。たし算と同様にひき算も算数の土台となりますから，しっかり復習しましょう。

第11回 たしざんとひきざん（1）

●もんだい 23 ページ

1 (1) 14　(2) 18　(3) 10　(4) 10　(5) 15　(6) 10

2 (1) 10 ＋ 7 ＝ 17 本　(2) 10 ＋ 3 ＝ 13 人

3 (1) 15 − 5 ＝ 10 まい　(2) 19 − 9 ＝ 10 人

4 (1) 10 ＋ 4 ＝ 14 こ　(2) 14 − 4 ＝ 10 こ

▶ 10 ＋ 1 桁の数＝ 2 桁の数，2 桁－ 1 桁＝ 10 の計算です。10 のまとまりを意識するとよいでしょう。

第12回 たしざんとひきざん（2）

●もんだい 25 ページ

1 (1) 15　(2) 18　(3) 19　(4) 16　(5) 17　(6) 19

2 (1) 13 ＋ 4 ＝ 17 本　(2) 10 ＋ 8 ＝ 18 まい

3 (1) 11 ＋ 5 ＝ 16 人　(2) 2 ＋ 13 ＝ 15 こ

4 (1) 12 ＋ 2 ＝ 14 まい　(2) 18 まい

▶ 2 桁＋ 1 桁のたし算を学習しました。10 とばらに分けて考えます。この考え方が十の位，一の位を意識することにつながります。

4 (2) 14 ＋ 3 ＝ 17…弟からもらった後
17 ＋ 1 ＝ 18…お兄さんからもらった後

第13回 たしざんとひきざん（3）

●もんだい 27 ページ

1 (1) 10　(2) 13　(3) 12　(4) 15　(5) 13　(6) 14

2 (1) 17 − 5 ＝ 12 こ　(2) 18 − 5 ＝ 13 人

3 (1) 19 − 9 ＝ 10　りんごが 10 こ おおい
(2) 15 − 3 ＝ 12　子どもが 12 人 おおい

4 (1) 18 − 4 ＝ 14 こ　(2) 14 − 3 ＝ 11 こ

▶ 2 桁－ 1 桁のひき算を学習しました。たし算と同じように，10 とばらに分けて考えましょう。

4 ガムが 18 個とあるので，そこを基準に差を考えましょう。

あめ	ゼリー	ガム
11	14	18

3 こ 多い　4 こ 少ない

第14回 20 より大(おお)きいかず

●もんだい 29 ページ

1 (1) 32　(2) 23　(3) 28　(4) 36

2 (1) 24 本　(2) 36 円

3 (1) 33　(2) 45　(3) 2，7

4 (1) 10 ＋ 10 ＋ 6 ＝ 26 こ　(2) 26 ＋ 4 ＝ 30 こ

▶ 20 より大きい数の学習です。10 のまとまりを意識しましょう。

2 (1) 10 本の束が 2 つで 20 本ですから，棒は 24 本あります。
(2) 10 円が 3 枚で 30 円，5 円が 1 枚と 1 円が 1 枚で 6 円ですから，全部で 36 円です。

4 (1) 10 個入りが 2 パックで 20 個ですから，全部で 26 個買ったとわかります。
(2) 26 から 4 増やすと，30 になりますから，全部で 30 個買ったとわかります。

第15回 かくにんテスト（第11～14回）

●もんだい 31 ページ

1 (1) 24　(2) 3，1

2 (1) 10 ＋ 6 ＝ 16さつ　(2) 13 － 3 ＝ 10わ

3 (1) 12 ＋ 7 ＝ 19こ　(2) 15 ＋ 2 ＝ 17本

4 (1) 17 － 4 ＝ 13人

(2) 19 － 8 ＝ 11　のりが 11 こ おおい

▶ 10より大きい数のたし算，ひき算と 20 より大きい数の復習です。10のまとまりで考えましょう。1円玉，10円玉を使った学習も効果的です。

第16回 3つのかずのけいさん (1)

●もんだい 33 ページ

1 (1) 7　(2) 10　(3) 17　(4) 13　(5) 1　(6) 4　(7) 6　(8) 7

2 (1) 6 ＋ 4 ＋ 8 ＝ 18こ　(2) 3 ＋ 4 ＋ 2 ＝ 9まい

3 (1) 15 － 5 － 4 ＝ 6こ　(2) 10 － 3 － 4 ＝ 3本

4 (1) 4 ＋ 6 ＋ 7 ＝ 17こ　(2) 1 ＋ 3 ＋ 3 ＝ 7こ

▶ 3つの数のたし算やひき算を学習しました。1つ1つの計算手法は，これまでと変わりません。

第17回 3つのかずのけいさん (2)

●もんだい 35 ページ

1 (1) 6　(2) 5　(3) 8　(4) 6

2 (1) 4 ＋ 2 － 1 ＝ 5こ　(2) 6 ＋ 3 － 2 ＝ 7まい

3 (1) 6 － 4 ＋ 5 ＝ 7まい　(2) 8 － 6 ＋ 7 ＝ 9まい

4 (1) 17 － 2 ＋ 1 ＝ 16こ

(2) 青いボール…11 こ，赤いボール…5こ

▶今度はたし算とひき算が混ざった計算を学習しました。文章を読み解いて，たし算をするのかひき算をするのか見極めましょう。

4 (1) 取り出したボールは＋，入れたボールは－として計算すると，もとの数がわかります（下図参照）。

(2) 10 ＋ 3 － 2 ＝ 11…青いボール
16 － 11 ＝ 5…赤いボール

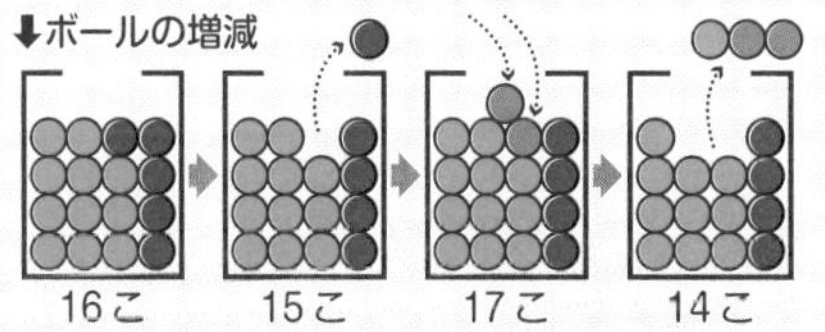

第18回 たしざん (3)

●もんだい 37 ページ

1 (1) 15　(2) 13　(3) 14　(4) 12　(5) 13　(6) 11

2 (1) 7 ＋ 4 ＝ 11こ　(2) 9 ＋ 5 ＝ 14こ

(3) 8 ＋ 7 ＝ 15まい

3 (1) 6 ＋ 9 ＝ 15人　(2) 8 ＋ 8 ＝ 16こ

4 (1) 9 ＋ 8 ＝ 17　(2) (3と9)，(4と8)，(5と7)

▶繰り上がりのあるたし算の学習です。10のまとまりをつくることがポイントです。

4 (2) 12になる組み合わせを考えていきます。
9から順に考えると，
9を取り出す→ 12 ＝ 3 ＋ 9
8を取り出す→ 12 ＝ 4 ＋ 8
7を取り出す→ 12 ＝ 5 ＋ 7
6を取り出す→ 12 ＝ 6 ＋ 6
→ 6は1枚しかないので不適。
よって，(3と9)，(4と8)，(5と7)の3通りです。

第19回 ひきざん (4) ↓

●もんだい 39 ページ

▶繰り下がりのあるひき算の学習です。10を超える数を十の位と一の位に分けることで，「あといくつ」の考え方を利用できます。

4 (2) 18 − 9 = 9…りんごの残りの数
9 + 7 = 16…残りのみかんとりんごの数

1 (1) 8 (2) 7 (3) 9 (4) 6 (5) 9 (6) 8

2 (1) 17 − 9 = 8こ (2) 11 − 6 = 5まい

3 (1) 13 − 6 = 7 まいさんが7本 おおい

(2) 12 − 3 = 9まい

4 (1) 15 − 8 = 7こ (2) 18 − 9 + 7 = 16こ

第20回 かくにんテスト (第16～19回) ↓

●もんだい 41 ページ

▶3つの数のたし算，ひき算と，繰り上がりのあるたし算，繰り下がりのあるひき算の学習です。10のまとまりを意識して計算しましょう。

1 (1) 4 + 2 + 1 = 7こ (2) 9 − 2 − 3 = 4本

2 (1) 6 + 2 − 4 = 4こ (2) 8 − 2 + 3 = 9こ

3 (1) 9 + 3 = 12本 (2) 8 + 5 = 13こ

(3) 6 + 9 = 15本

4 (1) 11 − 9 = 2 まいさんが2本 おおい

(2) 16 − 8 = 8まい

第21回 大きなかず ↓

●もんだい 43 ページ

▶100までの数は，十の位，一の位を意識すると，筆算を習うときの理解度が上がります。

3 (1) 8,18,28,38,48,58,68,78,88,98の10個。
(2) 56,60,61,62,63,64,65,66,67,68,69,76,86,96の14個。

4 (2) ①～③の条件をまとめると，
①…㋕は40円以下で，12円より大きい。
②…一の位は3
③…十の位は4，6，1，5，3以外
→2，7，8，9のどれか
→㋕は40円以下なので，あてはまるのは2だけ。
よって，㋕の値段は23円とわかります。

1 (1) 50 (2) 49 (3) 70

2 (1) 65 + 2 = 67 (2) 81 − 3 = 78

3 (1) 10こ (2) 14こ

4 (1) ㋒，㋔ (2) 23円

第22回 大きなかずのけいさん (1) ↓

●もんだい 45 ページ

▶何十＋1桁(けた)のたし算と，答えが何十になるひき算を学習しました。十の位と一の位に分けて考えましょう。

1 (1) 54 (2) 60 (3) 89 (4) 30

2 (1) 20 + 6 = 26とう (2) 40 + 3 = 43ひき

3 (1) 84 − 4 = 80こ (2) 68 − 8 = 60本

4 (1) 75 − 5 = 70こ (2) 70 + 8 = 78こ

第23回 大きなかずのけいさん (2)

●もんだい 47 ページ

1 (1) 90　(2) 60　(3) 40　(4) 10

2 (1) 30 + 40 = 70 こ　(2) 20 + 30 = 50 人

(3) 80 + 10 = 90 まい

3 (1) 90 − 40 = 50 こ　(2) 70 − 50 = 20 こ

(3) 20 − 10 = 10 さい

4 (1) 50 − 10 = 40 人　(2) 50 + 40 − 30 = 60 人

▶「何十+何十」,「何十−何十」の計算を学習しました。10 のまとまりで考えることで 1 桁のたし算，ひき算と同じように計算できます。

4(2) 50 + 40 = 90…昨日と今日の合計
90 − 30 = 60

第24回 せいりしてかんがえよう

●もんだい 49 ページ

1 (1)

		○		
	○	○	○	○
○	○	○	○	○
○	○	○	○	○
●	▲	■	★	♥

(2) ■

(3) ●

(4) ▲，★，♥

(5) 15 こ

2 (1)

		○		
		○		
		○		
		○	○	
	○	○	○	
○	○	○	○	
○	○	○	○	○
○	○	○	○	○
●	▲	■	★	♥

(2) ■→★→▲→●→♥

(3) ♥

(4) 6 こ

▶表にまとめる学習をしました。マークの数を数えるときは，線を引くなど，印をつけると，数え漏れを防ぐことができます。

1(1) 図の中に，●は 2 つあり，表の●の列に○が 2 つあります。つまり，図の中にあるマークの数だけ，表に○を（下から上に）かいていけばよいことがわかります。

2(4) 8 − 2 = 6

第25回 かくにんテスト（第 21 〜 24 回）

●もんだい 51 ページ

1 (1) 6 → 16 → 26 → 36 → 46　(2) 13 こ

2 (1) 20 + 4 = 24 こ　(2) 17 − 7 = 10 こ

3 (1) 40 + 50 = 90 円　(2) 50 − 20 = 30 こ

4 (1)

●	▲	■	★	♥
7	6	3	4	5

(2) ●→▲→♥→★→■

(3) ■　(4) 4 こ

▶ 大きい数のたし算・ひき算と表に整理する問題の復習です。学年が上がるにつれて 10 のまとまり，100 のまとまりで考えるという，位を意識した学習が非常に重要になります。今のうちから 10 のまとまりで考える練習をしましょう。

1(2) 67，70，71，72，73，74，75，76，77，78，79，87，97 の 13 個

4(4) 一番多いマークは●の 7 個。一番少ないマークは ■ で 3 個です。■ を 4 個ふやすと，●と同じ 7 個になります。

第26回 なんばんめ (1)

●もんだい 53 ページ

1

(1) 左 右

(2) 左 右

(3) 左 右

(4) 左 右

2 (1) 2ばんめ (2) ねこ

3 (1) ◎ (2) ♡

▶「なんばんめ」の問題です。「○こめ」と「○こ」のような違いをきちんと区別しましょう。普段の生活の中でも訓練できます。

2 (1) 右図（左側）のように数えると，たぬきは上から2ばんめにあります。

(2) 右図（右側）のように数えると，いぬの3つ上はねこです。

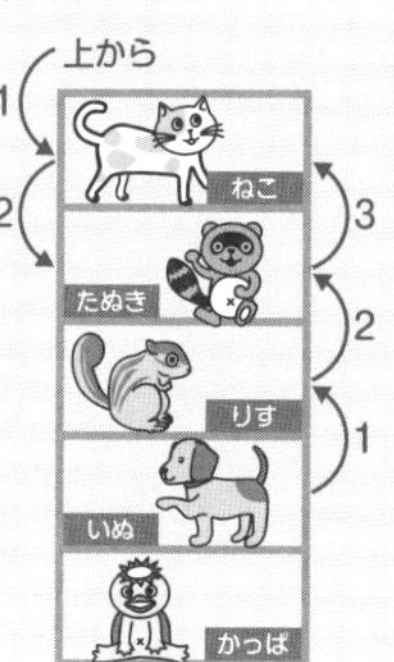

3「左（右）から○ばんめ」の数え方は下図のとおりです。

左から
1 2 3 4 5 6 7 8 ばんめ
左 ♡ ◎ ☆ ♡ △ ◎ ♡ △ 右
ばんめ 8 7 6 5 4 3 2 1
右から

第27回 なんばんめ (2)

●もんだい 55 ページ

1

(1) まえ うしろ

(2) まえ うしろ

(3) まえ うしろ

(4) うしろ まえ

2

(1) まえ ゴール うしろ

(2) ラーメン まえ うしろ

3 (1) 4ばんめ (2) まえから4ばんめ，うしろから3ばんめ

▶前後から数える問題です。左右や上下と考え方は同じです。前後・上下・左右，「○こめ」と「○こ」の違いなどを日頃から意識して言葉を使い分けられるようにしましょう。

1 (4)「まえ／うしろ」が(1)～(3)と逆になっているので注意しましょう。

3 下図のように数えましょう。

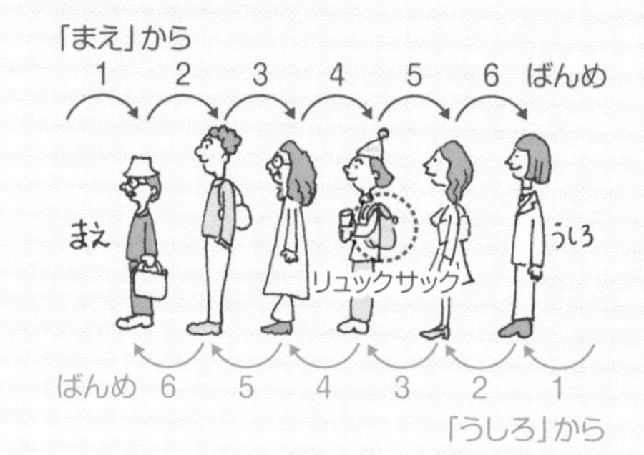

第28回 とけい（1）

●もんだい 57 ページ

▶時計の読み方を学習しました。○時ちょうどと，○時半が完璧になったら長い針が目盛りに来るときが何分なのか，理解できるようになりましょう。

1(2)「○時 30 分」のことを「○時半（はん）」ともいいます。30 分は 1 時間（60 分）の半分だからですね。しっかり読めるようにしておきましょう。

1 (1) 7 じ　(2) 3 じはん

2 (1) 8 じ 20 ぷん　(2) 3 じ 40 ぷん

3 (1)　(2)

4 (1) 9 じ 10 ぷん　(2) 2 かいめ　(3) 3 かいめと 4 かいめ

第29回 とけい（2）

●もんだい 59 ページ

▶時計の長針が目盛りの上に来ていない時の時刻の読み方も含めて，時計の読み方を学習しました。時計は毎日見るものですから，日頃から何時何分か，問いかけながら学習するとよいでしょう。

4(1) 時計は 7 時 30 分を指していますから，その 15 分後は 7 時 45 分です。

(2) 時計は 3 時 40 分を指していますから，その 10 分前は 3 時 30 分です。

1 (1) 6 じ 30 ぷん　(2) 2 じ 45 ふん

(3) 9 じ 51 ぷん　(4) 10 じ 13 ぷん

2 (1) 8 じ 12 ふん　(2) 4 じ 58 ふん

3 (1)　(2)

4 (1) 7 じ 45 ふん　(2) 3 じ 30 ぷん

第30回 かくにんテスト（第 26 ～ 29 回）

●もんだい 61 ページ

▶ 何番目と時計の読み方の復習です。何番目は，例えば行列，ロッカー，かけっこの順番など，時計は朝起きたとき，家を出る時など，日常の様々な場面で学習できます。日頃から子供に問いかけることで自然と身につく力です。

1

(1) まえ　うしろ

(2) まえ　うしろ

2 (1) 3 ばんめ　(2) 2 ばんめ　(3) 5 人

3 (1) 2 じ 20 ぷん　(2) 4 じ 45 ふん

4 (1)

(2)

第31回 ながさくらべ(1) ↓

●もんだい 63 ページ

1 (1) い　(2) い

2 (1) あ　(2) い

3 (1) よこ　(2) たて

4 (1) い→あ→う　(2) あ→い→う

▶長さ比べの問題です。ますめをうまく使って考えましょう。何ます分か，図形のそばにメモを書くと比べやすいです。

3(1) たては5ます，よこは6ますですから，よこの方が長いです。

4(2) あは7ます，いは6ます，うは5ますですから，長い方から順にあ→い→うです。

第32回 ながさくらべ(2) ↓

●もんだい 65 ページ

1 (1) え→い→う→あ　(2) え→い→あ→う

2 (1) ②　(2) ①

3 (1) ②　(2) ①

4 (1) 11 ますぶん　(2) ①が1ますぶん ながい

(3) ③が2ますぶん ながい

▶今回も長さ比べの問題です。前回より複雑になりましたが，組み合わせている図形の個数やますめの個数などを利用することで，同じように解くことができます。

第33回 ひろさくらべ ↓

●もんだい 67 ページ

1 (1) □…4こ　■…8こ　(2) □…13こ　■…11こ

2 (1) あ…12ますぶん　い…11ますぶん　う…9ますぶん

(2) あ→い→う

3 (1) りっちゃん…7ますぶん　よっくん…8ますぶん

(2) よっくんが1ますぶん おおく ぬった

▶広さ比べの問題です。学年が上がると，面積につながります。面積の学習の予行演習としてますめを使った広さ比べをマスターしましょう。

2(2) 広さが「12ます→11ます→9ます」の順ですから，広い方から順にあ→い→うです。

3(2) よっくんの方が広く，差は $8-7=1$ ますぶんです。

第34回 かたちづくり ↓

●もんだい 69 ページ

1 ① 2まい　② 4まい　③ 4まい

2 ① 8まい　② 8まい　③ 5まい

3 ① 10まい　② 6まい　③ 4まい　④ 6まい

▶形作りの問題です。問題の図に線を書き込みながら考えましょう。大きさの違う形で区切ってしまわないように，ますめを使って正確に区切る必要があります。

1 下図のように考えましょう。

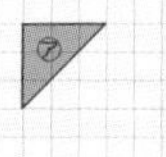

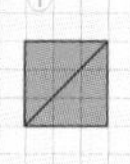

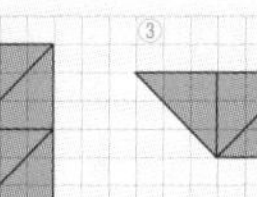

第35回 かくにんテスト（第31～34回）

●もんだい71ページ

1 (1) ㋐　(2) ㋑

2 (1) ①→④→③→②　(2) ③→①→②→④

3 ㋑→㋒→㋐

4 ① 8まい　② 6まい　③ 8まい　④ 10まい

▶長さ比べ，形比べ，形作りの復習です。図にメモや線などを書き込みながら解き進めましょう。

3 それぞれ色をぬったますを数えます。
㋐…20ます，㋑…24ます，㋒…21ます
よって，広い順は㋑→㋒→㋐です。

第36回 ぼう ならべ

●もんだい73ページ

1 (1) 5本　(2) 9本　(3) 18本

2 (1)

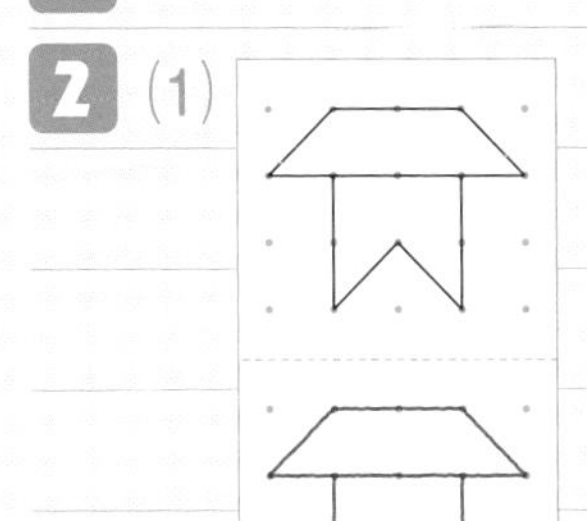

(2)

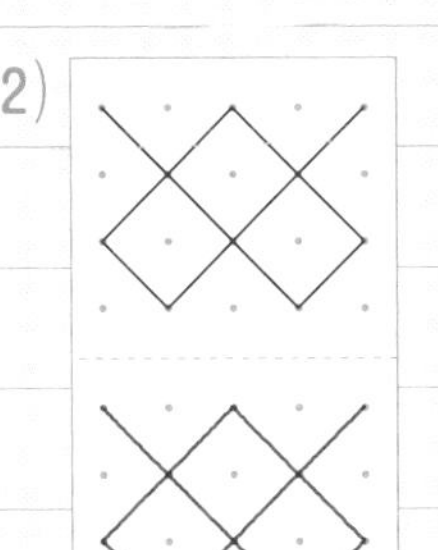

(3)

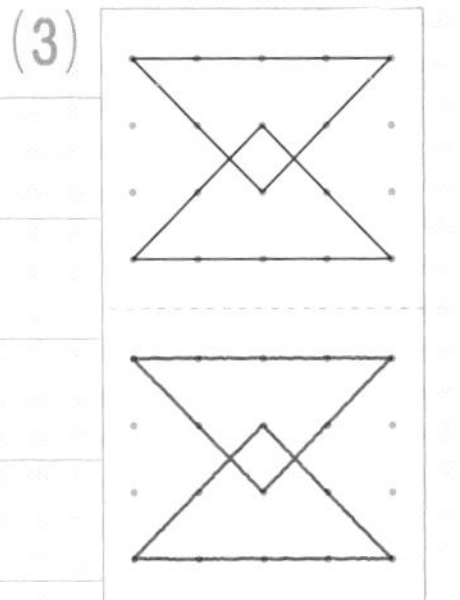

3 (1)

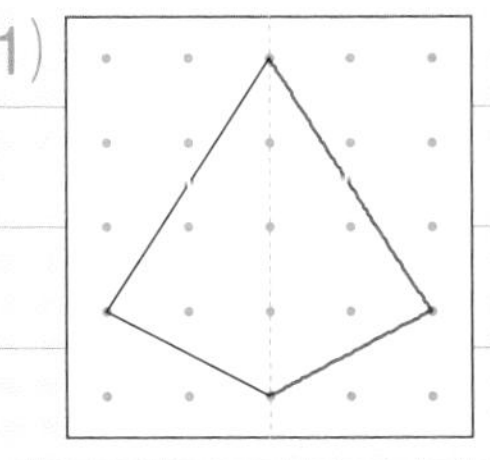

(2)

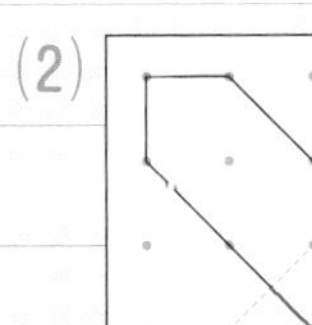

(3)

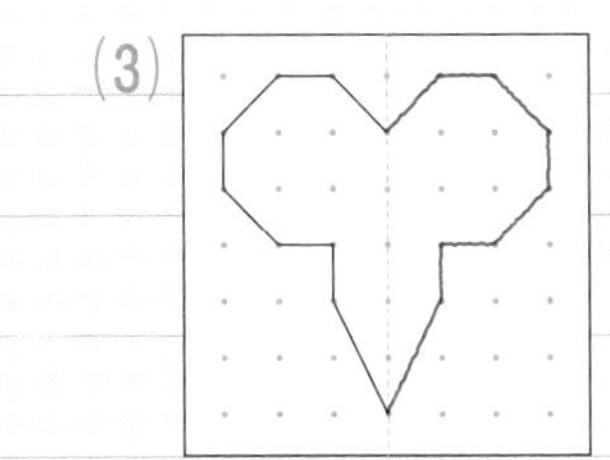

(4)

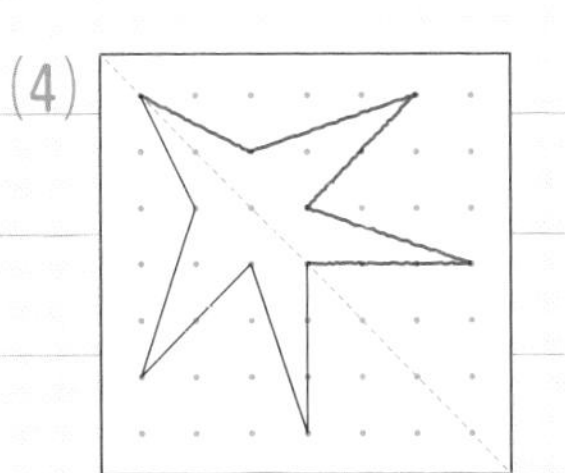

▶棒を並べる問題です。図形を正確に描き写す，ピッタリ重なる形（線対称）を考えるなど，平面図形の学習の土台となります。

第37回 かさ ⬇

●もんだい75ページ

1 (1) Ⓘ　(2) ⓐ

2 (1) ⓤ→ⓐ→Ⓘ　(2) ⓞ→ⓚ→ⓔ

3 (1) 6 − 3 = 3　ⓐがコップ3はい おおい

(2) 8 − 4 = 4　ⓔがコップ4はい おおい

4 (1) 7 − 5 = 2はいぶん

(2) 4 + 7 + 5 = 16はいぶん

▶かさの問題です。単位などは学年が上がったときに習いますが，今回は水の量の関係を捉える学習をしました。コップなどの身の回りのものを実際に用いてみましょう。

第38回 かたち (1) ⬇

●もんだい77ページ

1

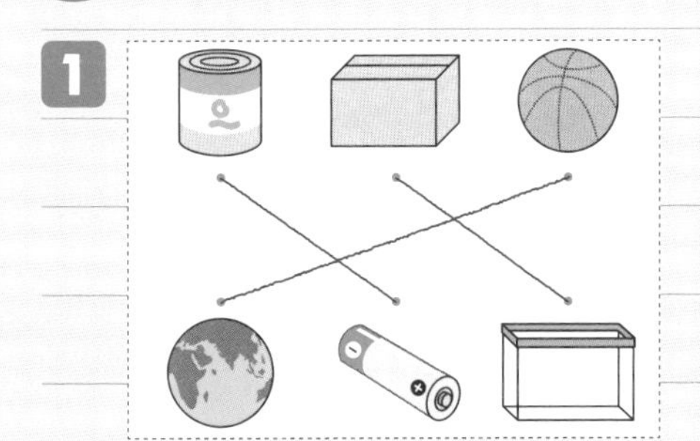

2

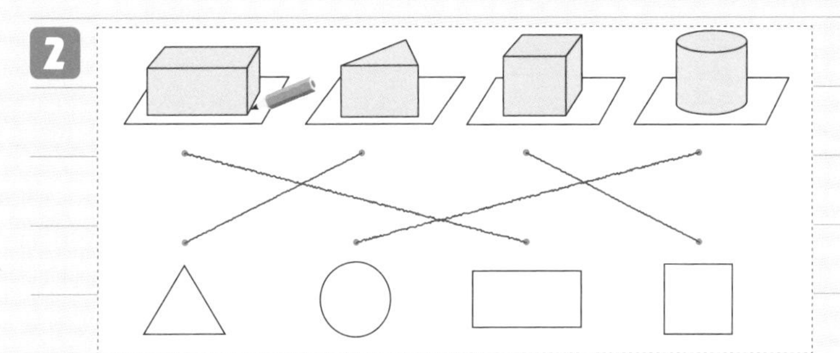

3 ④

4 (1) ⓐ，ⓔ　(2) ⓐ，Ⓘ

▶箱の形，筒の形，ボールの形を学習しました。立方体や直方体，円柱，球など，身の回りのものにもよく使われている形です。身の回りのものを色々な方向から見てみましょう。

3 それぞれどのつみきが使われているかをかきこむと，下図のようになります。使わなかったつみきは④です。

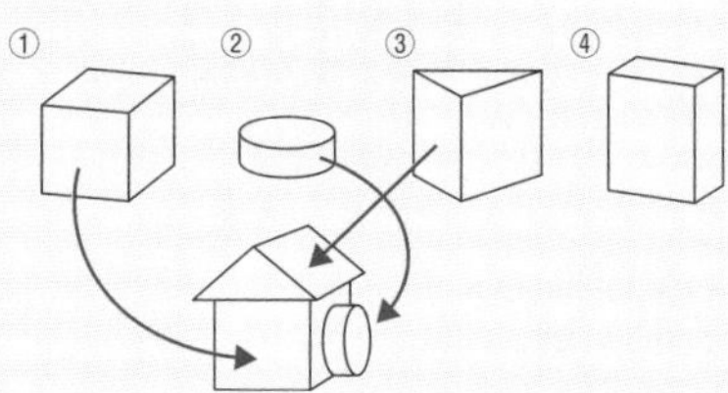

4 (1) 上から見るとⒾ，横から見るとⓤのように見えますから，見ることができないのはⓐとⓔです。

(2) 上から見るとⓤ，横から見るとⓤやⓔのように見えます。見ることができないのはⓐとⒾです。

第39回 かたち (2) ⬇

●もんだい79ページ

1 (1) 3こ　(2) 5こ

2 (1) 5こ　(2) 7こ　(3) 6こ　(4) 7こ

3 (1) 7こ　(2) 8こ　(3) 10こ　(4) 15こ

(5) 29こ

▶つみきの問題です。見えないところにもつみきが隠れています。数え漏れがないように，数え終わったつみきには何か印をつけるとよいでしょう。

第40回 かくにんテスト（第36～39回）⬇

●もんだい 81 ページ

1 (1) 4本　(2) 6本　(3) 13本

2 (1) 9 − 5 = 4　Ⓘがコップ4はい おおい

(2) 8 − 3 = 5　Ⓐがコップ5はい おおい

3 (1) ㊋　(2) Ⓘ

4 (1) 5こ　(2) 3こ　(3) 6こ

▶棒並べ，かさ，立体図形の復習をしました。実際に身の回りのものを使うと，理解が深まります。

第41回 たしざんのひっさん ⬇

●もんだい 85 ページ

1 (1) $\begin{array}{r}42\\+\ \ 5\\\hline 47\end{array}$　(2) $\begin{array}{r}13\\+21\\\hline 34\end{array}$　(3) $\begin{array}{r}46\\+52\\\hline 98\end{array}$　(4) $\begin{array}{r}44\\+44\\\hline 88\end{array}$

2 (1) 23 + 5 = 28まい　(2) 16 + 21 = 37人

(3) 40 + 20 = 60円

3 (1) 12 + 43 = 55こ　(2) 55 + 21 = 76こ

(3) 76 + 3 = 79人

▶ 2年生で学習する2桁＋2桁の問題です。十の位と一の位に分けて考えると，これまでのたし算と同じように考えられます。

2 (1) $\begin{array}{r}23\\+\ \ 5\\\hline 28\end{array}$　(2) $\begin{array}{r}16\\+21\\\hline 37\end{array}$　(3) $\begin{array}{r}40\\+20\\\hline 60\end{array}$

3 (1) $\begin{array}{r}12\\+43\\\hline 55\end{array}$　(2) $\begin{array}{r}55\\+21\\\hline 76\end{array}$　(3) $\begin{array}{r}76\\+\ \ 3\\\hline 79\end{array}$

第42回 ひきざんのひっさん ⬇

●もんだい 87 ページ

1 (1) $\begin{array}{r}14\\-\ \ 3\\\hline 11\end{array}$　(2) $\begin{array}{r}34\\-22\\\hline 12\end{array}$　(3) $\begin{array}{r}49\\-14\\\hline 35\end{array}$　(4) $\begin{array}{r}56\\-16\\\hline 40\end{array}$

2 (1) 84 − 41 = 43こ　(2) 19 − 5 = 14本

3 (1) 67 − 35 = 32まい　(2) 99 − 47 = 52だい

4 (1) 78 − 31 = 47わ

(2) 47 − 31 = 16わ　青いとりが16わ おおい

▶ 2年生で学習する2桁－2桁の問題です。十の位と一の位に分けて考えるとこれまでのひき算と同じように考えられます。

2 (1) $\begin{array}{r}84\\-41\\\hline 43\end{array}$　(2) $\begin{array}{r}19\\-\ \ 5\\\hline 14\end{array}$

3 (1) $\begin{array}{r}67\\-35\\\hline 32\end{array}$　(2) $\begin{array}{r}99\\-47\\\hline 52\end{array}$

4 (1) $\begin{array}{r}78\\-31\\\hline 47\end{array}$　(2) $\begin{array}{r}47\\-31\\\hline 16\end{array}$

第43回 ながさ

●もんだい 89 ページ

1

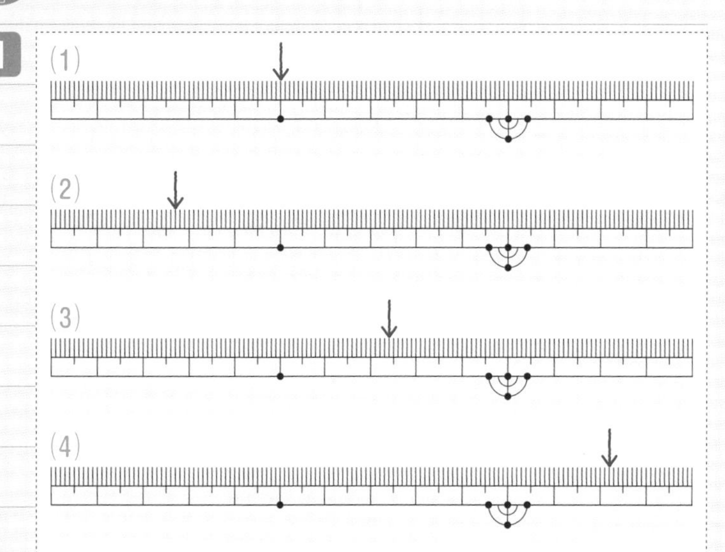

2 (1) 70mm　(2) 10cm5mm

3 (1) 7cm ＋ 5cm ＝ 12cm

(2) 12cm ＋ 2cm9mm ＝ 14cm9mm

(3) 14cm9mm － 1cm3mm － 1cm3mm ＝ 12cm3mm

▶先取り単元として長さを学習しました。身の回りのものを実際にものさしで測ってみましょう。

2 (1) 1cm ＝ 10mm なので、7cm は 70mm です。

(2) 100mm は 10cm なので、答えは 10cm5mm になります。

3 (2) 29mm ＝ 2cm9mm として計算します。

(3) 14cm9mm － 1cm3mm － 1cm3mm ＝ 12cm3mm

第44回 三角形と四角形

●もんだい 91 ページ

1 ㋐，㋒，㋕

2 (1) ㋑，㋓　(2) ㋐，㋔

3

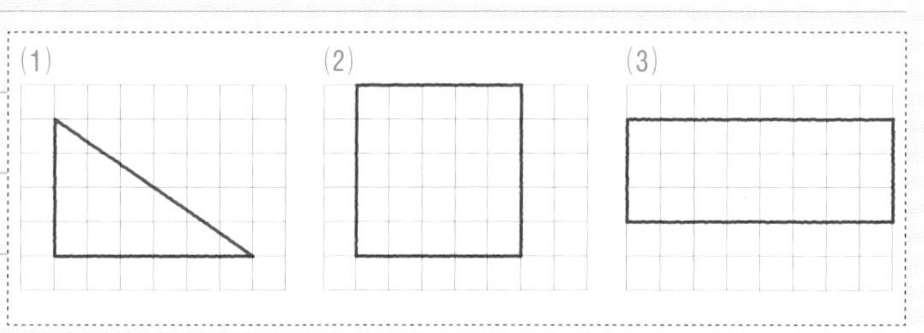

▶様々な三角形，四角形を学習しました。どんな形か定義からきちんと理解しましょう。

1 下図の赤色の部分が直角です。

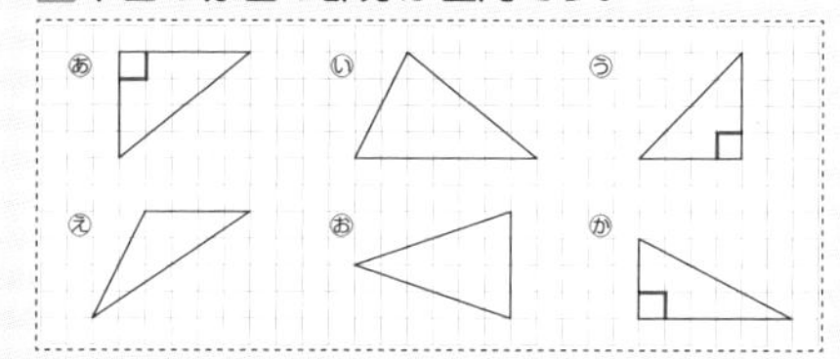

第45回 かくにんテスト（第41～44回）↓

●もんだい93ページ

1 (1) 45 + 4 = 49こ　(2) 24 + 33 = 57円
(3) 50 + 20 = 70こ

2 (1) 75 − 32 = 43こ　(2) 50 − 20 = 30円

3 (1) 80mm　(2) 9cm6mm

4 (1) ㋑，㋓，㋕　(2) ㋗，㋚

▶2桁＋2桁，2桁−2桁，長さ，三角形と四角形のまとめです。2年生では繰り上がりのあるたし算や繰り下がりのあるひき算などが出てきます。まずは10のまとまりを意識することで，「位」を意識した計算練習に慣れておきましょう。

3(1) 1cm = 10mmなので，8cm = 80mmです。
(2) 90mmは9cmなので，答えは，9cm6mmになります。

第46回 1年生（ねんせい）のまとめ(1) ↓

●もんだい95ページ

1 (1) 4 + 3 = 7本　(2) 5 − 2 = 3こ

2 (1) 13 + 4 = 17人　(2) 15 + 3 = 18人
(3) 18 − 6 = 12本

3 (1) 5 + 3 = 8こ　(2) 6 − 4 = 2こ おおい

4 (1) 12 + 5 = 17こ　(2) 17 − 3 = 14こ

▶たし算，ひき算の復習です。今後，大きな数のたし算，ひき算やかけ算，わり算を学習する時の基本となります。今のうちに完璧にしましょう。

第47回 1年生のまとめ(2) ↓

●もんだい97ページ

1 (1) 8 + 4 = 12人　(2) 5 + 9 = 14まい
(3) 18 − 9 = 9こ　(4) 13 − 6 = 7まい

2 (1) 30 + 7 = 37ひき　(2) 73 − 3 = 70こ

3 (1) ぱんだ　(2) かえる

4 (1) 4 − 1 + 6 = 9こ　(2) 9 + 7 − 6 = 10こ

▶繰り上がりのあるたし算，繰り下がりのあるひき算，何番目，3つの数のたし算，ひき算を学習しました。繰り上がりのあるたし算，繰り下がりのあるひき算は10のまとまりを意識しましょう。

第48回 1年生のまとめ(3) ↓

●もんだい99ページ

1 (1) ㋑→㋐→㋒　(2) ㋒→㋐→㋑→㋓
(3) ① 6まい　② 9まい　③ 4まい　④ 8まい

2 (1) ②　(2) ②

3 (1) ㋑→㋒→㋐　(2) 8 − 6 = 2はい

▶図形の復習です。広さ比べ，長さ比べ，かさなどを学習しました。図形といっても，ますめの数を使ったり，コップの数を使ったりと，「数」を意識すると，比べやすくなります。

1(3) 下図のように㋐が使われています。

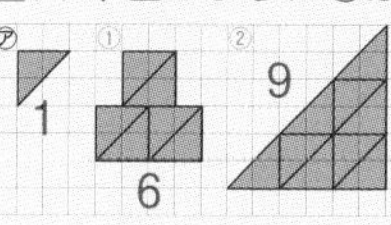

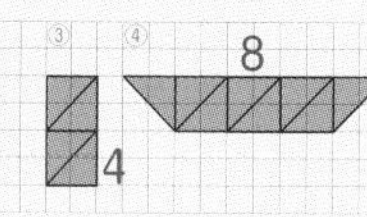

第49回 チャレンジもんだい (1) ↓

●もんだい 101 ページ

1 (1) 55

(2) 16 + 1 + 5 = 22 人

(3) 24 まい

2 (1) 2 + 3 = 5 こ おおい

(2) 28 こ

3 (1) うさぎ

(2) ライオン（らいおん）

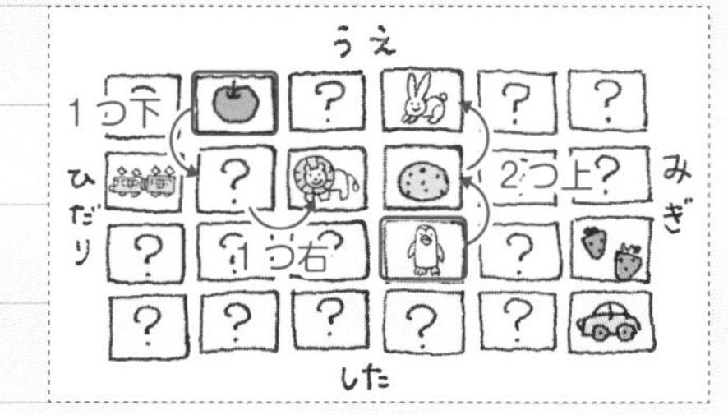

4 (1) 15 + 3 + 3 = 21 てん

(2) かち…2 かい，あいこ…1 かい，まけ…2 かい

▶どの問題も文章が長く，計算も多いですが，1つ1つの作業はこれまで習ったたし算・ひき算です。重要な情報には線を引きながら，情報を整理して解きましょう。

1(3) 19 − 4 − 3 − 5 +□= 31
→ 7 +□= 31　□= 31 − 7 = 24

2 決められた各ボール数の差をもとに，最適な数の組み合わせを考えましょう。

赤	青	白	くろ
10	8	5	5

2こ おおい　3こ おおい　おなじ かず

3 左の図のように考えます。

4(2) 勝ったときにもらえるのは 15 点なので，勝ちや負けしかないと，一の位は 5 か 0 になります。一の位が 3 になるのは，あいこが 1 回ある場合だけです。
33 − 3 = 30 …あいこ以外の点数
4 回で 30 点になるのは，2 回勝って 2 回負ける場合以外ありません。

第50回 チャレンジもんだい (2) ↓

●もんだい 103 ページ

1 (1) ②→③→①　(2) 17 こ

2

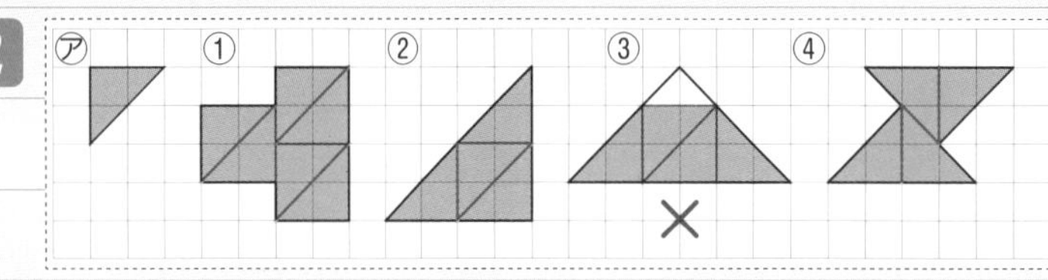

3 (1) 3 + 3 + 6 + 6 + 9 = 27 はい　(2) ㋔

4 せいほうけい…①，③

ちょっかくさんかくけい…⑥，⑦

▶平面図形，立体図形のチャレンジ問題です。どの問題も難しいですが，時間をかけてじっくり取り組んでみてください。

2 ①，②，④は，左図のように㋐を並べて作ることができます。③は㋐を並べて作ることはできません。
※㋐の広さは 2 ます分。③の広さは 9 ます分なので（2 の倍数ではないので），どのように並べかえても③の形は作ることができません。

4 直角の半分（＝下の図の•）が 2 つあると直角になります。⑦は右図のように•が 2 つあるので，直角三角形であるといえます。③も同様に考えましょう。

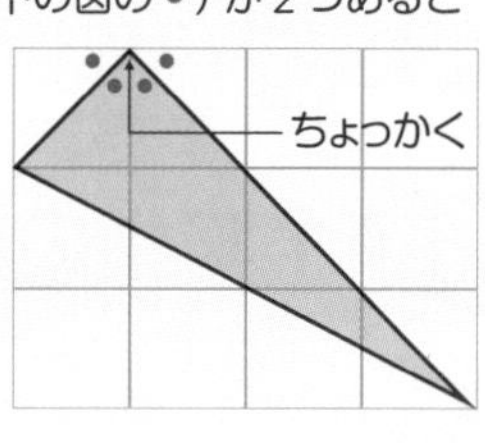